入門

コロイドと界面の科学

鈴木四朗
近藤　保
共　著

三共出版

はじめに

私達は多くの物質に囲まれています。物質は普通，固体・液体・気体のうちのどれかの状態で存在し，それぞれ固相・液相・気相をもっています。多くの物質系ではこれらの相が共存し，互いに接触して影響をおよぼしあっています。２つの相が接触している境の面を界面といいますが，この界面を境にしてその両側の性質は異なったものになっています。そして物質系全体積に対する界面の面積の割合が大きい場合には，その界面の性質が物質系全体の性質を支配しています。ところで書名の一部になっているコロイドという言葉は，一般にはあまりなじみがありませんが，身近にはコロイド状態をしたものが実はたくさんあります。例えば，生物体・食物・衣類や住居の材料にいたる広い範囲にわたる物質系はすべてその仲間と考えることができます。またコロイド系には表面積が大きいという特徴があります。表面は界面の一種ですから，その境の面でいろいろな現象が生ずる可能性が十分予想されるわけです。自然界のいろいろな変化は，これらの界面で起きる場合が多く，私達の日常生活と深くかかわり合っています。このような理由で，表面とか界面の存在とその影響は無視することができません。

本書は大学，短大，高専などで，はじめてコロイド科学・界面科学を学ばれる方々のための入門書として書かれたものです。したがって入門書としての性格上，理論的な詳細な説明は他の優れた成書にゆずり，基礎的な事柄についてできるだけ平易な記述に心がけました。しかしそのために，思わぬ表現の不備や誤りがあるかもしれませんが，読者の方々の御教示によって訂正してゆきたいと考えています。

ここで読者諸氏にお断りしておかねばなりません。それは本書は先に刊行された『やさしいコロイドと界面の科学』が母体となっているということです。今回，発刊10年の増補・改訂を機会に，書名の一部を変更して，もっと端的に

〝入門〟と改めました。しかしながら無論，当初から意図する刊行の精神は変るものではありません。

なお執筆に当っては，多くの方々の貴重な研究成果から知見を引用させて頂きました。また出版に際しては秀島功氏はじめ，三共出版の方々の御尽力に支えられました。こうした御協力・御支援が無ければ，本書はでき上がらなかったでしょう。ここに心から感謝と敬意を申上げて，謝意といたします。

平成６年　初春

鈴木四朗
近藤　保

目　　次

5. アワ

6. 気体コロイド

1. コロイドと界面

1・1　コロイドとその特徴

19世紀の中頃，当時水溶液中の物質の**拡散速度**について研究していたイギリス人**グレアム** (Graham) は，アルブミン，アラビアゴム，カゼインなどの拡散速度が食塩やショ糖のそれに比べて遅いことを発見した。そして拡散速度の遅い物質は結晶しにくく，速いものは結晶しやすいことから，すべての物質を2つの部類，すなわち**クリスタロイド** (Crystalloid, 晶質) と**コロイド** (Colloid, 非晶質，にかわ状物質) とに分けて考えた。コロイドという名称はこれから始まった。

しかし，1903年に**ジーデントフ** (Siedentopf) と**チグモンディー** (Zsigmondy) により限外顕微鏡が発明されてから，コロイド溶液は不連続的な構造をもっていることが証明され真の溶液でないことがわかった。すなわち，コロイド溶液に強い光を照射し，これと直角の方向から顕微鏡を通して観察すると，無数の明るい点を見ることができる。この明るい点は液中に浮遊している微粒子であって，このことからコロイド溶液は連続的な構造をしていないことが証明された。当時コロイド溶液中の微粒子は，小さい分子が多数集まったものと考えられていたが，1930年代になって**シュタウジンガー** (Staudinger) による高分子の概念が確立されることによって，実はアルブミンやデンプン溶液中の微粒子は小さい分子の集まりではなく，それ自身が1つの分子であることがわかった。また**フォン・ワイマルン** (Von Weimarn) は Graham がクリスタロイドと呼んだものが，コロイド状態として生成されることを多くの実例をあげて明らかにした。例えば硫酸バリウムは結晶性物質としても，コロイド溶液としても容易に生成できる。さらに Weimarn は多くのコロイド粒子が，結晶性構造をもつことも発見している。

こうしたことから，コロイド溶液中の微粒子はどんなものでもよく，また物質の種類に無関係な分散状態であり，ただその大きさに制限があるだけで，その大きさの範囲は厳密なものではないが，通常 1 nm (ナノメーター)～1 μm (マイクロメーター) (1 nm は 10^{-7} cm, 1 μm は 10^{-4} cm) の範囲にあるものとされており，これを**コロイド分散系**と呼んでいる。

一般に物質が他の媒質中に細かい粒子となって散らばっているとき，その物質系を**分散系**といっている。したがって，分散系は少くとも 2 つの相からできており，1 つは粒子の部分でこれを**分散相**または**分散質**といい，もうひとつは粒子を囲んでいるもので**分散媒**と呼んでいる。分散質の粒子が原子，分子，イオンぐらいの大きさの場合にはコロイド状態ではなく**真の溶液**であり，さらに分散質粒子が目で見えたり，顕微鏡で観察できるくらいの粗い粒子の場合もコロイド状態ではない。

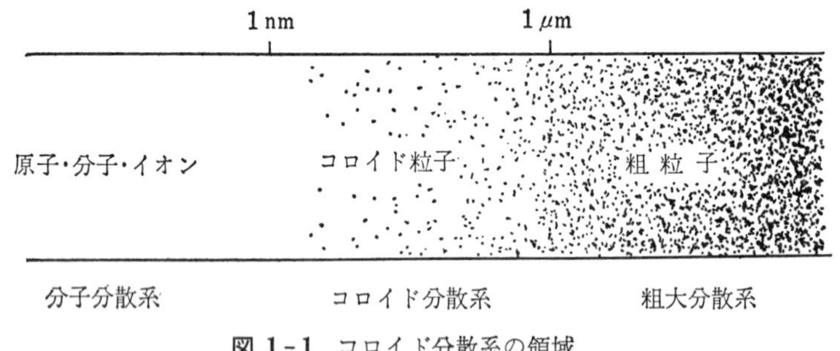

図 1-1　コロイド分散系の領域

コロイド分散系に対して前者を**分子分散系**，後者を**粗大分散系**ということもある。真の溶液は均一な状態と考えることができるけれど，例えば泥水のような懸濁液は明らかに不均一な状態である。そこで明らかに均一と考えられる状態から不均一な状態にいたる間の中間状態として，どちらとも区別できない状態があり得るわけで，この状態を**コロイド状態**と考えてよい。したがってコロイドの状態は均一な物質でないと同時に，はっきり不均一な物質であるともいいきれないのである。**図 1-1** はこれらの関係を視覚的に表現したものである。コロイド粒子は動植物性の膜を通ることはできないが，ロ紙は自由に通過することができる。

また，コロイド状態の特徴として，一般に分散粒子が細かくなればなるほど，粒子の表面積の総和は大きくなり，物質の表面には内部と違った性質があったり，表面だけにいろいろな現象が起ったりする。その場合に表面のしめる割合が大きいとその影響も大きくなり，その系全体の性質を決めてしまうようなことがしばしばある。

1・2　界面とその重要性

物質はふつう固体・液体・気体のうちのどれかの状態で存在し，それぞれ固相，液相，気相をもっている。界面とは，2つの相が接触している境の面をさしており，この界面を境にしてその両側の性質は異ったものになっている。このように相には**固相**，**液相**，**気相**の3種類があるので，これらの組合せによって界面の種類も次のように決ってくる。

①　固体－気体 間の界面
②　固体－液体 間の界面
③　固体－固体 間の界面
④　液体－液体 間の界面
⑤　液体－気体 間の界面

気体どうしは完全に混合してしまうから，気体—気体間の界面は存在しないと考えてよい。また①の固体—気体間の界面は普通“固体の表面”といい，⑤の液体—気体間の界面も“液体の表面”と呼んでいるので，表面は界面の一種であることがわかる。

先にも述べたが，物質系において全体積に対する界面の面積の割合が非常に大きい場合には，その界面の性質が物質系全体の性質を支配してしまうということである。実際，界面の占める面積はわれわれの想像する以上に大きい。例えば，1辺が1 cmの立方体の表面積は $1\times6=6\ cm^2$ である。もしおのおのの1辺を10等分して1辺が 10^{-1} cmの立方体を1000個つくったとすれば，その表面積の総和は $6\times10=60\ cm^2$ となる。さらにずっと細かくして1辺を 10^{-7} cmにまでしたとすると，その全表面積は $6\times10^7\ cm^2$ となり，これは実に約5940 m^2（約1800坪）にも相当する。

自然界の物質の変化はこれらの界面で起る場合が多く，われわれの日常生活と深くかかわり合っている。

2. コロイド分散系

2・1 コロイド分散系の分類

コロイドの分類を考える際，コロイド粒子である分散相のなりたちや，その構造，形態から分類する場合と，分散相（分散しているもの）と分散媒（分散させているもの）間の関係を考慮に入れて分類する場合とがある。

A. 分散相の構造による分類

（1） 分散コロイドまたは粒子コロイド

分散媒中に他の物質が微粒子となって分散しているもので，分散媒，分散相の種類によってさらに次の**表 2-1** のような分散系に分けられる。気体どうしは完全にまざりあうから，気体中に気体が分散する系は存在しない。

表 2-1 分散コロイドの分類

分散媒	分散相	分散系
気体	液体	霧，雲，モヤ } エーロゾルまたは気体コロイド
	固体	煙 } エーロゾルまたは気体コロイド
液体	気体	アワ
	液体	エマルション（牛乳，バター）
	固体	サスペンション（どろ水，塗料）
固体	気体	軽石，スポンジ，海綿 } 固体コロイド
	液体	水を含むシリカゲル } 固体コロイド
	固体	黄色ガラス，合金 } 固体コロイド

（2） ミセルコロイド（会合コロイド）

ミセルコロイド（会合コロイド）は溶液中で比較的小さい分子が，数十個ないしは数百個集って集合体（または会合体）を作り，コロイド次元の大きさの粒子になるもので明らかにコロイドと呼ぶことができる。この分子の集合体（または会合体）を**ミセル**（Micelle）といい，いろいろな構造が推定されている（p. 45 参照）。**界面活性剤**（p. 42 参照）やコンゴーレッドのような染料は，水溶液中でミセルを形成してコロイド性を示すことはよく知られている。

（3） 分子コロイド

ニカワ，ゼラチン，アルブミン，カンテンなどは分子量の非常に大きい巨大分子（または高分子）で，分子そのものがコロイド粒子となっている。こうしたものを分子コロイドと呼んでいる。この溶液は真の溶液（分子分散系，**図1-1** 参照）であるにもかかわらず，コロイド性を示すという特徴がある。

B. 分散相と分散媒間の相互作用による分類

分散相と分散媒の間の相互作用が強いか，または親密であるか，反対に相互作用が弱いか，または親密でないかという考えからコロイドを分けるもので，親密なものを**親液コロイド**，そうでないものを**疎液コロイド**という。分散媒が水であれば，そのさい**親水コロイド**，**疎水コロイド**と呼んでいる。

分散媒との親和性に乏しい疎液コロイドの安定性は，主にコロイド粒子のもつ電荷によって保たれている。しかしこれにコロイド粒子と反対の電荷が加えられると，粒子のもっている電荷は中和されて電気を失い不安定となる。一方，親液コロイドの場合は，電解質を加えることによって粒子の電荷は失われても，分散媒との親和性（**溶媒和**という（p. 25 参照））が強いために，安定な状態を保つことができる。

しかし親液コロイドでも多量の電解質を加えると，粒子（分散相）と分散媒との親和性は著しく減少して，このために沈殿を生じることがある。この現象を**塩析**（p. 32 参照）と呼んでいる。

2・2 分散（粒子）コロイドの生成

分子コロイドやミセルコロイド（会合コロイド）は，適当な溶媒に溶解するだけで安定なコロイドを生成する事ができるので，ここでは分散コロイド（粒子コロイド）の生成についてのべることとする。

粒子コロイドの生成法は，原理的に 2 つの方法が考えられる。

① 原子，分子，イオン程度の大きさのものを集合，凝集させて，コロイド次元の大きさの粒子にまで大きくする。

② 粗大粒子を適当な方法で細分して，コロイド次元の大きさの粒子とする。

① の方法を**凝集法**，② の方法を**分散法**と呼んでいる。これらの方法について具体的な例をあげながら説明しよう。

A. 凝集法の例

（1）　溶液の溶解度を適当な方法で減少させ，溶質を微粒子として析出させる方法。例えば，イオウのアルコール溶液を多量の水の中に少しずつかきまわしながら滴下してゆき静置すると，その溶液はしだいに濁りを生じて，イオウコロイドとなる（**ワイマルンの方法**）。

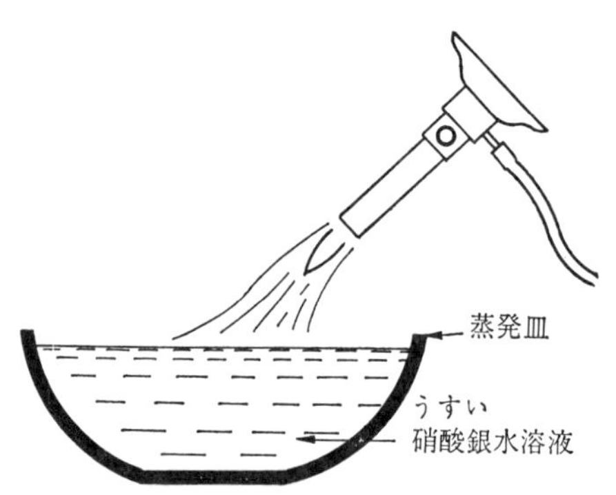

図 2-1　鮫島の方法による銀コロイドの生成

（2）　化学反応によって生じた沈殿に適当な条件を与えることによって，可視的な沈殿とはならずに，コロイド次元の大きさにとどめる。

例えば，うすい硝酸銀水溶液を蒸発皿に入れて，その表面にブンゼンバーナーの外炎をあてる。こうすると硝酸銀は還元されて微粒子の銀を生じ，黒色の銀コロイドをつくることができる（**図 2-1 鮫島の方法**）。

B. 分散法の例

（1）　細い白金線を2本，蒸留水を入れた蒸発皿に入れ，これを外側から氷で冷やしておく。**図 2-2** のように白金線には電流計と抵抗器をつないで，これに 40～100 V 程度の直流電圧をかけた場合，数アンペアの電流が流れるように抵抗を調節

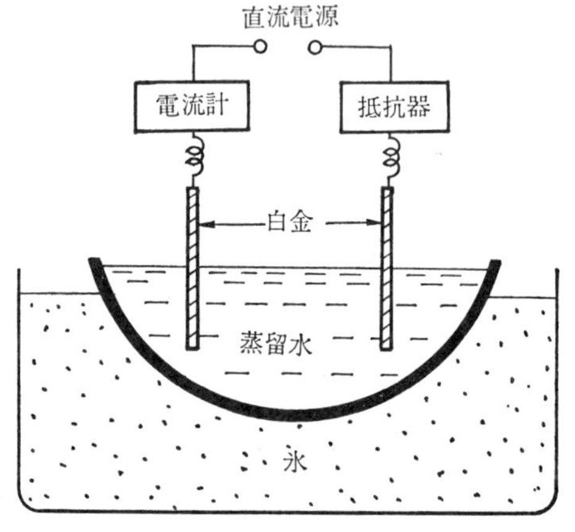

図 2-2　ブレデイッヒの方法による白金コロイド溶液の生成

しておく。そして，この中で電気火花をとばすと，白金の先端が溶けて白金蒸気となるが，外側の氷水で冷却されて白金のコロイドができる。この方法は貴金属のコロイドをつくる場合に用いられる（**ブレデイッヒの方法**)。

（**2**）　化学的方法によって，沈殿物質をコロイド状態にする分散法である。例えば，

$$HgCl_2 + H_2S \longrightarrow HgS + 2\,HCl$$

の反応で硫化水銀の黒色沈殿が得られるが，この沈殿をロ過したのち水洗すると，しだいに洗液が黒くなってくる。これは凝結剤としての塩酸が除去されたのち，水洗により硫化水銀が解膠されてコロイドができたためである。このために，この方法は**解膠法**とも呼ばれている。しかし，もし沈殿が電解質を非常に多くか，または少くもっている場合には，解膠は起らずコロイドはできない。

これらの他に，コロイドミルという機械を利用した分散方法があるが，一般に安定なコロイドは得にくいとされている。

2・3　コロイドの精製

コロイド粒子は普通のロ紙の穴よりも小さいために，ロ紙を自由に通ることができる。コロイド粒子と，それより小さい分子やイオンを分離するためには，ロ紙よりずっとち密で穴の径の小さい，セロファン，コロジオン膜，硫酸紙や動物膜（ウシのぼうこう膜など）が利用される。コロイド粒子はこれらの膜の穴の径より大きいために，分子・イオンは膜を通過できても，コロイド粒子は通ることができない。このような操作によってコロイド粒子と分子・イオンを分離する方法を**透析**という。また，これらの膜は物質を選択的に透過させることから**半透膜**と呼ばれている。**図 2-3** は透析装置の1例を示したもので，透析を効果的に行なうには，① 透析面積，すなわち透析膜をできるだけ広くする。② 不純物との濃度差を大きくする。または水を常に新し

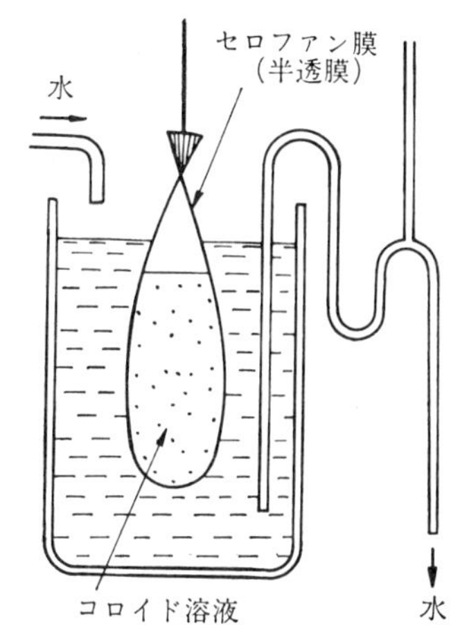

図 2-3　透析装置の例

く入れかえてやる。③ 適度の温度を与えてよく攪拌する，などの点に注意する必要がある。

また，透析に要する時間は物質や透析の条件によって違うが，これを速かにかつ完全に行なう方法として**電気透析**がある。電気透析装置（図 2-4）は透析膜によって3つの部分からなり，中央の部分に透析すべきコロイド液が入れてある。左右の部分にはいつも新しい蒸留水が入っていて，透析膜の近くに電極が固定されている。この電極に電流を流すと，コロイド液中の不純物で，陽イオンをもったものは陰極に，陰イオンをもったものは陽極に移動することによって速かに透析することができる。

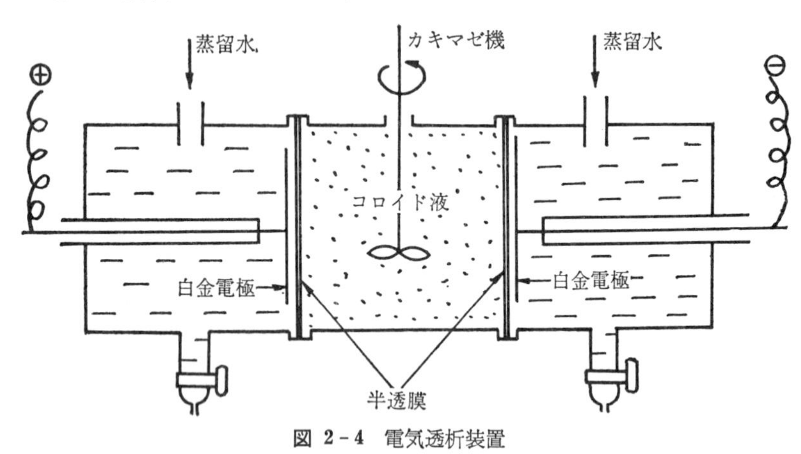

図 2-4 電気透析装置

2・4 コロイドの運動学的性質

A. ブラウン運動

1827年，イギリスの**ブラウン**（Brown）は水中の花粉を顕微鏡で観察中，花粉の微粒子がたえず不規則な運動をしていることを発見した。また，花粉微粒子だけではなく，多くの物質の微粒子についても同じような観察をした。当時，この現象の原因がつかめずに，外部的な影響，例えば空気の振動，音響，重力，表面の蒸発などによるものではないかと考えられた。しかしその後，**アインシュタイン**（Einstein 1905年）や**ペラン**（Perrin 1909年），**スベドベリー**（Svedverg 1912年）らの多くの研究によって，こうした外部的な要因ではなく，また微粒子自身が動くのでもなく，微粒子を囲んでいる媒質の分子の熱運動によって動かされていることがわかった。**図 2-5** は限外顕微鏡で，ある特定のコロイド粒子に注目し，その動きを一定時間ごとの位置を示したものである。図からわかるように，その運動は直線的で不規則，非対称的なのであるが，実際にはもっと複雑な運動をしている。

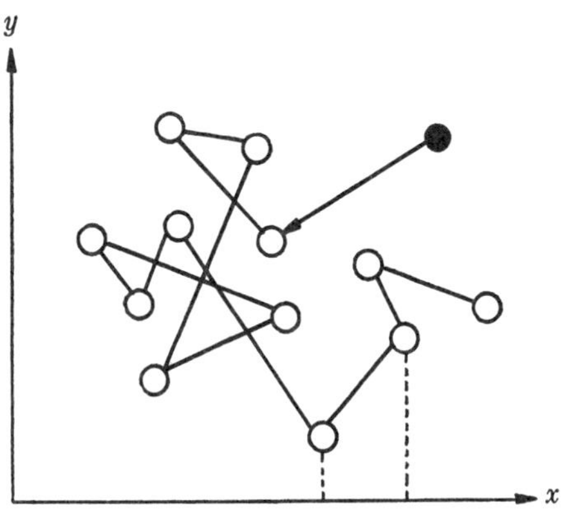

図 2-5 ブラウン運動の1例

いま，半径 r の微粒子が粘度 η（イータ）の液体中を一定方向（x 軸方向でも，y 軸方向でもよい）に，一定時間 t 内に移動した距離を x とすると，これらの間に**アインシュタインのブラウン運動に関する式**があり，次のように求められる。

$$\bar{x} = \sqrt{\left(\frac{R}{N}\right)\cdot\frac{T\cdot t}{3\pi r\eta}} \qquad (2-1)$$

$\bar{x}$ は x バーと読み，この場合は微粒子の平均移動距離である。T は液体の絶対温度，R は気体定数，N はアボガドロ数である。また，R/N は**ボルツマン** (Boltzmann) **定数**といって，原子や分子，コロイド粒子のような微粒子をあつかう場合によく利用される定数である。

この式からわかることは，すなわち微粒子の平均移動距離は，

① 微粒子が分散している液体の温度や測定時間の平方根に比例し，

② 液体の粘性や粒子の大きさの平方根に反比例する。

B. 沈　　降

いま水を入れた円柱形の容器に粘土を入れて，粘土粒子が均一に分散するようにかき混ぜると，溶液は一様に不透明に濁る（**図 2-6** の（I）の状態）。この容器を静置しておくと，だんだんと（II）の状態をへて上層部が澄んだ（III）の状態になってゆく。

容器中を沈降してゆく粘土粒子を a, b, c の各部位から採取して，その大きさを比較してみると，底に近い粒子ほど大きいことがわかる。

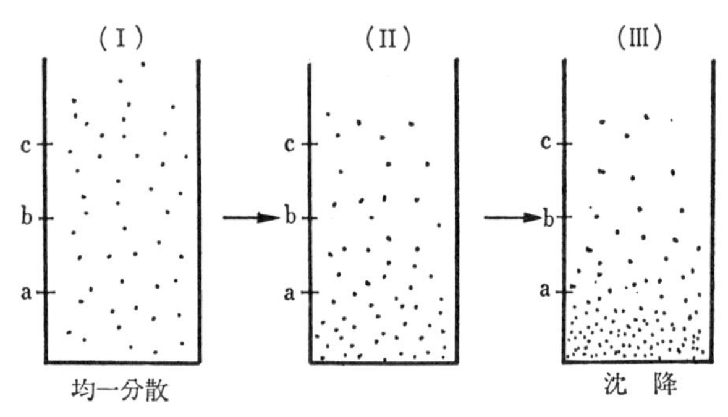

図 2-6 粒子の沈降

粒子には液中を落下しようとする重力が作用していると同時に，浮力の影響もうけている。粒子を球形と考えると，粒子の沈降速度 u は**ストークス** (Stokes) **の法則**によって，次のように求められている。

$$u = \frac{2r^2(\rho-\rho_0)g}{9\eta} \qquad (2-2)$$

ここで r は粒子の半径，ρ (ロー)，ρ_0 は粒子と媒質の比重，η は媒質の粘度，g は重力の加速度である。したがって，この式からわかることは

① 粒子が小さいほど
② 粒子と媒質の比重の差が小さいほど
③ 媒質の粘度が大きいほど

} 粒子の沈降速度は遅くなる。

粒子が小さくなれば，だんだんと**ブラウン運動**をするようになり，重力による沈降との間につりあいが保たれるようになる。この状態を**沈降平衡**と呼んでいる。コロイド粒子の大きさは，ちょうどこのような領域に入っているために，粒子どうしが衝突し合併して大きくならない限り，重力によって沈降することはない。

C. 拡　　散

始めに述べたように，Graham は種々の物質の拡散速度の違いから，物質をコロイドとクリスタロイドに分けて考えたが，Graham が行なった実験を紹介

しよう。

いま容器の中に水を入れておき，あとから容器の底に静かにコロイド液を注入する。そして容器を静置しておくと，ブラウン運動によってコロイド粒子は次第に上方に広がってゆく，この現象を**拡散**と呼んでいる（**図 2-7**）。ところで，塩酸や食塩，ショ糖，タンパク質が，同じ程度拡散するのに要する時間を比較してみると，塩酸1に対して食塩2.3，ショ糖7，そしてタンパク質は約50である。こうした**拡散速度**の差はなぜ起るのであろうか。拡散は分散相粒子の単位体積中における数，すなわち濃度が局部的にちがうために起る現象で，これは粒子の移動であり，またこの現象を微視的にみればブラウン運動にほかならない。ブラウン運動は粒子が小さければ小さいほど激しい。コロイド粒子は分子や原子，イオンに比べれば著しく大きいから，コロイド粒子の拡散速度は分子や原子，イオンのそれよりもずっと小さいことになる。このことから拡散速度の差は，粒子の大きさが異なるために起ることがわかる。

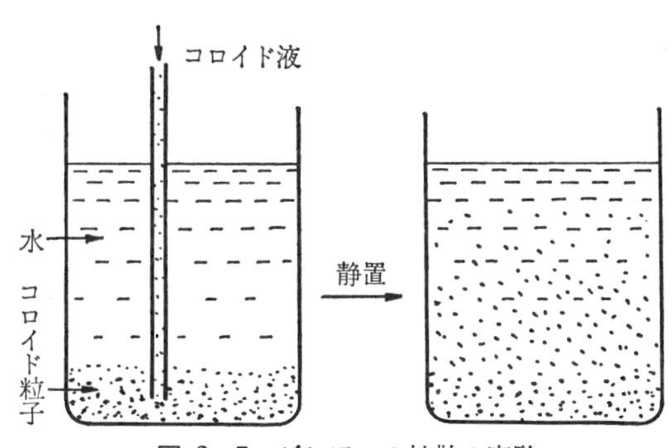

図 2-7 グレアムの拡散の実験

拡散速度に関して**フィック**（Fick）**の法則**がある。いま**図 2-8** の（I）の

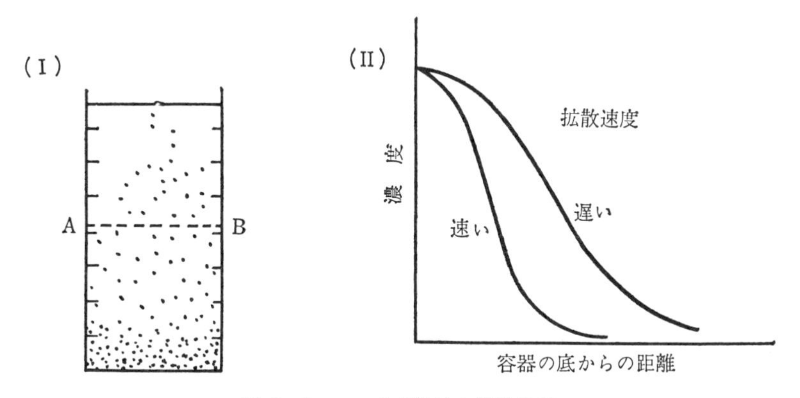

図 2-8 コロイド粒子の拡散状態

ように容器にコロイド粒子が存在する。このコロイド粒子が断面積 A なる AB 面を通って，上層に拡散してゆく過程を考えてみよう。容器中に存在するコロイド粒子の濃度を，各層ごとに測定したものが**図 2-8** の（II）である。

Fick の法則によれば，断面積 A を通って単位時間 dt に拡散する物質の量 dq は，そこの濃度こう配 dc/dx に比例する。これを式で表わすと

$$dq = -D \cdot A \frac{dc}{dx} \cdot dt \qquad (2-3)$$

ここで D は**拡散係数**といって，濃度こう配(図 2-8（II）の曲線上の任意の点における切線のこう配）が 1 のとき，単位時間に単位面積を通って拡散する物質の量を表わしている。式（2-3）についているマイナス符号の意味は，拡散の起る方向が濃度の減少する方向に進むためである。コロイド粒子を球形と考えれば，拡散係数 D は

$$D = \frac{R}{N} \cdot \frac{T}{6\pi\eta r} \qquad (2-4)$$

であらわせる。ここで R は気体定数，N はアボガドロ数（R/N はボルツマン定数)，T は絶対温度，η は分散媒の粘度，r は粒子半径である。D が実測されれば，この式を利用してコロイド粒子の大きさを求めることができる。

D. コロイド液の流動

次にコロイド液の流動について考えてみよう。分散媒中にコロイド粒子が分散していると，分散媒のみの場合の抵抗のほかにコロイド粒子の抵抗が加わってくるために，コロイド液の粘度は大きくなってくることが予想される。コロイド液の流動は大変複雑であるが，**アインシュタイン** (Einstein) は流体力学の見地から分散系の粘度について次のような関係式を導いた。

$$\eta = \eta_0(1 + 2.5\phi) \qquad (2-5)$$

η はコロイド分散系の粘度，η_0 は分散媒の粘度，ϕ(ファイ)はコロイド粒子の**体積分率**といって，“粒子の全体積”を“分散系の全体積”で割ったものである。

しかし，この **Einstein の粘度式**が成り立つためには，いくつかの条件が必

要である。すなわち，① 分散粒子は球形であること，② 分散粒子は希薄である，③ 粒子の相互作用が無視できる，④ 粒子は電荷をもっていない，⑤ 粒径は均一であることなどである。これらの条件に合った場合，式中の定数2.5は，2.5かまたはそれに近い値をとる。もし粒子の形が球形からずれてくると，定数は2.5より大きくなってゆく。したがって分散系の粘度を測定することによって，その分散相のおおよその分散状態を知ることができる。**表 2-1** は**テイラー**(Taylor)による各種の分散相の定数例を示したものである。

この表から，ゼラチンのような高分子（分子コロイド）は，2.5から大きくずれていることがわかる。

表 2-1 テイラーによる分散相の定数例

分散相	分散媒	定数
卵白アルブミン	水	2.4
ゴムラテックス	水	2.5
イオウ	水	3.0
ショ糖	水	4.0
ゼラチン(20°C)	水	15.0
ゼラチン(40°C)	水	75.0

E. 浸透圧

コロイド液の精製（図2-3）で利用されたセロファン膜は，溶媒分子を自由に通すことができるが，溶質分子は通さない性質をもった半透膜であった。

いまロートを逆さまにしたようなガラス管の底にセロファン膜を張り，この中に溶液（例えばショ糖溶液）を入れて溶媒（例えば水）中に**図 2-9** のように

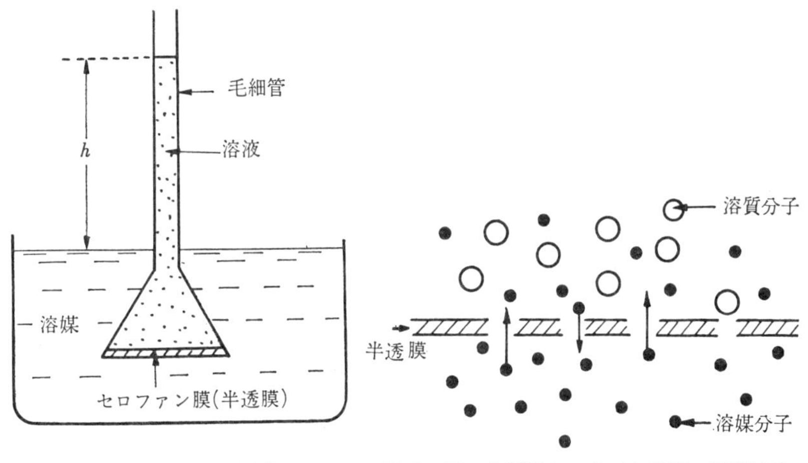

図 2-9 浸透圧の測定

図 2-10 半透膜をへだてた溶質・溶媒分子

浸すと，溶媒分子はセロファン膜を通って溶液中に入り，溶液面がおしあげられてゆく。普通，溶液と溶媒をいっしょにすると，溶質分子は溶媒の方向に，溶媒分子は溶液の方向に拡散してゆき，最終的には均一な濃度の溶液となる。

ところがいま，溶液と溶媒の間にはセロファン膜という半透膜があって，溶質分子の大きさが半透膜の穴よりも大きければ，膜を通って溶媒側へ拡散することができず，溶媒分子のみが膜を通って溶液側に拡散してゆく。この現象が**浸透**であり，この浸透を防ぐために，溶液側に加えなければならない圧力を**浸透圧**と呼んでいる。

図のように毛細管の液面が高さ h のところで止った（平衡に達した）とすると，この h から溶液の浸透圧を求めることができる。**ファントホフ**（van't Hoff）はいろいな実験結果から次式のような関係式を導いた。

$$\pi = C \cdot R \cdot T \tag{2-6}$$

π（パイ）は浸透圧，C は溶質のモル濃度，R は気体定数，T は絶対温度である。式 (2-6) を **van't Hoff の式**と呼んでいる。式中の C から溶質の分子量を浸透圧の測定によって求めることができる。

2・5 光学的性質

A. コロイド溶液の色（光散乱）

分散粒子が分子やイオンなどのようにきわめて小さい場合は色のないものでも，コロイド溶液になると著しく着色する場合が多い。コロイド液に強い光の束をあてると，コロイド粒子によって光は**散乱**されるために，光路が輝いて見える。これを**チンダル** (Tyndall) **現象**と呼び，真の溶液と区別するのに利用される。また，光を液全体にあてると，液全体が濁って見える。これを**乳光**という。粒子にあたって散乱されて出てくる光の強さは，**レイリー** (Rayleigh) **の式**によって求めることができる。

$$I = k\frac{n\,v^2}{\lambda^4} \tag{2-7}$$

ここで I は光の強さ，n は単位体積中の粒子数，v は分散粒子 1 個の体積，λ

(ラムダ) は光の波長，k は定数である。この式から，出てくる光の強さは粒子の大きさの2乗に比例し，また粒子数に比例する。粒子の大きさと粒子数との関係は，いま一定量の物質が一定の体積中に分散しているとすると，粒子数が多くなれば分散粒子1個の大きさは小さくなり，粒子数が少くなれば大きくなるはずである。**図2-11** は**ヘブラー** (Hebler)[2] らによる研究で，グリセリンに硫酸バリウムのコロイド粒子を分散させたときの，粒径と濁り度との関係を表わしたものである。この結果から濁り度が最大になるのは，分散粒子の大きさが1 μm 前後であることがわかり，濁り度が最大になる粒子の大きさが限られていることになる。次に水に銀のいろいろな大きさの粒子を分散して，これに光をあてると銀粒子の大きさのちがいによって，透過光の色がちがってくることが知られている (**表 2-2**)。透過光とは入射光のうちチンダル散乱されたり，コロイド粒子に吸収，または反射された残りの波長の光である。着色しているコロイド液に光を入射するとき，その入射光の強さと透過光との間には，**ランバート・ベール** (Lambert-Beer) の**法則**がある。

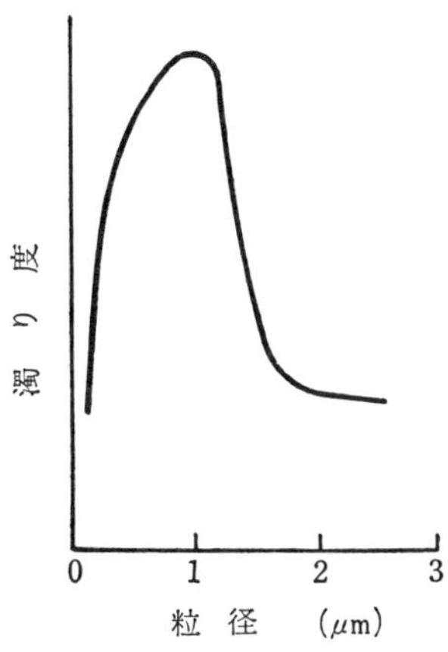

図 2-11　コロイド粒子の粒径と濁り度との関係 (Hebler & Bechhold)

表 2-2　銀コロイド粒子の大きさと色の関係

銀粒子の大きさ	透 過 光	反 射 光
10～ 20 (μm)	黄	青
25～ 35	赤	暗　緑
35～ 45	赤　紫	緑
50～ 60	青　紫	淡　黄
70～ 80	青	暗　赤
120～130	緑	黄　緑

$$\ln\frac{I}{I_0} = -k \cdot c \cdot l \qquad (2-8)$$

ここで I_0 は入射光の強さ，I は透過光の強さ，c は溶液の濃度，l は溶液層の厚さ，k は定数である。なお $\ln I/I_0$ は

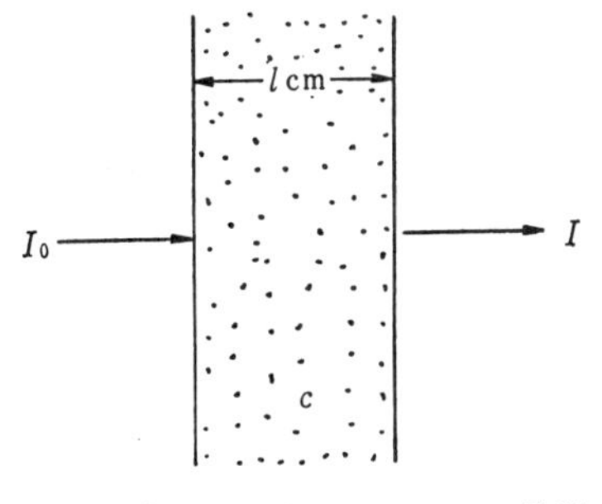

図 2-12　ランバート・ベールの法則

I/I_0 の自然対数の意味で，$2.303\log I/I_0$ に等しい。**スベドベリー** (Svedberg) はこの関係を利用して，物質の着色能力を比較している。すなわち，溶液が着色を示す最低の溶液の濃度と溶液の厚みを測定し，$(c\times l)$ の逆数を**着色力**と呼んだ。**表 2-3** は各種の物質について，そのイオン状態，分子状態，コロイド状態についての着色力を示したものである。これらの結果から，例えば鉄はイオン状態の場合と分子状態，さらにコロイド状態のときでは，各々約75倍および250倍にも着色力が増大しているのがわかる。

表 2-3　コロイド粒子の着色力 (Svedberg)

物　質	着 色 力
Cu^{2+} イオン	100
Fe^{3+} イオン	200
$Fe(CNS)_3$ 分子	15,000
フクシン分子	50,000
Fe_2O_3 コロイド粒子	50,000
Au コロイド粒子	200,000

B. 光学的異方性

ガラスや等軸系結晶に光をあてると，その屈折率や吸収はあらゆる方向で同じである。この時このような物質を**光学的等方性**という。しかしこうした物質以外の結晶では方向によって異る光学的性質，すなわち**光学的異方性**を示す。この異方性物質に光をあてると，光線は2つの異った方向にちがった速度で通過する。この現象を**複屈折**と呼んでいる。コロイド液でもしばしばこの現象が起る。いま，2つの直交したニコルプリズムをそなえたガラス管に入れた，粒子形が球形でないコロイド液を流動させたり，静止させたりする。液を静止させると視野はまっくらとなり，流動させると視野は明るくなる。このことは次のように説明されている。

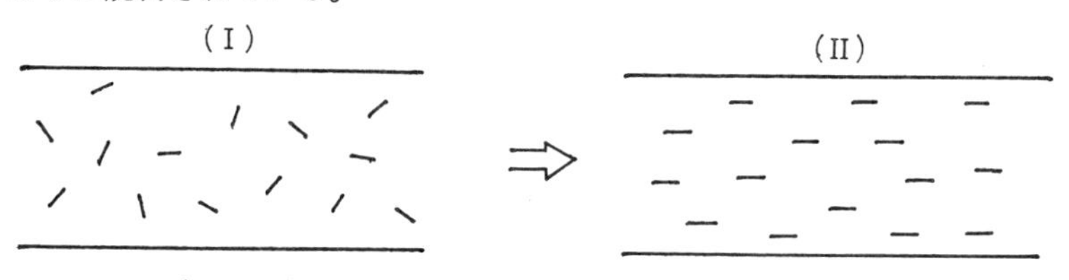

図 2-13　複屈折しない場合と流動複屈折

図 2-13 は五酸化バナジウム V_2O_5 のコロイドを，前述の管中に入れたものである。(I)の状態では溶液は静止しており，棒状粒子はてんでに勝手な方

向に向いている。しかしこれを流動させると，棒状粒子は長軸を流線の方向に配向するようになる((II)の状態)。このとき，流動の方向とそれに直角の方向とでは光の屈折率は違ってくる。したがって入射光と透過光とでは偏光の状態が異り，視野は明るく見える。これを**流動複屈折**と呼んでいる。この流動複屈折は，粒子が球形でなければよいということではなく，それが流動しなければ全く複屈折を示さないという点に注意しなければならない。流動複屈折は粒子の形を研究する有力な方法の1つである。

また，光学的異方性コロイドは，観察する方向によって異った色を呈することがある。これを**二色性**という。コロイド液を流動させた場合，流れと同一方向（平行）の**偏光**と直角の偏光との吸収の差によって起るもので，五酸化バナジウムコロイドでは，赤（平行の場合）と黄（直角の場合）のきれいな二色性を示すことが知られている。

C. デバイ・シェラー環

水酸化第二鉄のコロイド液を長時間放置しておくと結晶化してくるが，これを確かめるために，この結晶に X 線をあてると環状の像が得られる。この環状の像を**デバイ・シェラー** (Debye-Scherrer) **環**と呼んでいる。一般にある物体に X 線をあてた場合に，その物体が結晶性のものであれば環状の像が現れ，結晶性のものでなければ環状の像は現れない。したがって Debye-Scherrer 環は，物質が結晶性であるか否かの判定に利用することができる。また分散しているコロイド粒子のおおよその大きさをこの環から測定することができる。コロイド粒子が 10～100 μm (1 μm$=10^{-4}$ cm) ぐらいの大きさの場合は，環は点の集合として現われ，1～10 μm の範囲では連続した環状の線となり，1 μm 以下の微粒子となると環の幅はだんだんと広くぼやけたものになり，さらに粒子が分子領域の大きさになると Debye-Scherrer 環は見られなくなる。

2・6 電気的性質

A. 電気二重層

コロイド液をかなりながい間放置しておいても，分散媒と分散相の分離はみとめられない。コロイド粒子は活発なブラウン運動によって，粒子どうしのひんぱんな衝突が起っているにもかかわらず，粒子どうしの凝集はなかなか起らない。したがってそこには，凝集を妨げるような因子があると考えなければならない。一般に物質が微粒子になると，いろいろな原因から電気をおびるようになることが，身近な例から知られている。コロイド粒子が電荷をおびるのは，① 液中から正または負のイオンを吸着するか，② コロイド粒子自身が電離するか（分子コロイドの場合に多い），または，③ 分散媒と分散相の誘電率が異るとき，誘電率の大きい方が正に，小さい方が負に帯電する。しかし系全体としては電気的に中性が保たれるはずであるから，粒子の表面付近では電荷は不均一なひろがりをもっていることになる。

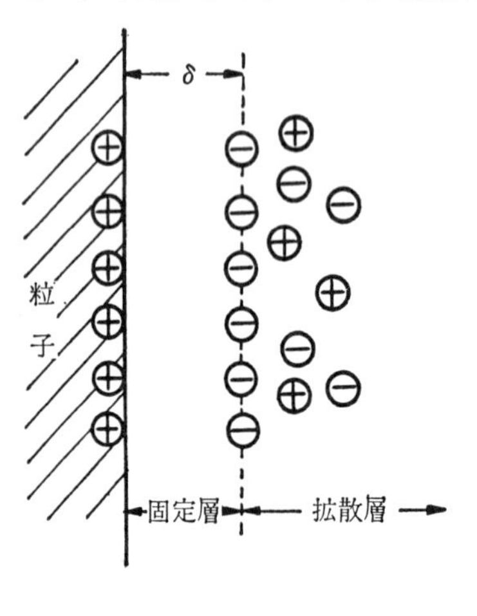

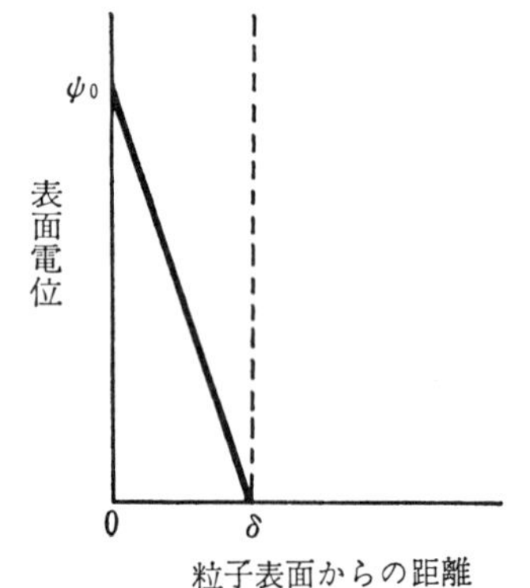

図 2-14　ヘルムホルツの電気二重層モデルと電位変化

電気二重層という考えについては，**ヘルムホルツ**（Helmholtz 1879）によってはじめて導入された。図 2-14 は Helmholtz の電気二重層モデルを示したものである。この二重層は一種の平行平板コンデンサーと考えられるから，正負イオン間の距離を δ（デルタ），溶液の誘電率を ε（イプシロン），粒子表面の電荷密度（単位面積当たりの電荷量）を σ（シグマ）とすると，イオン層間の電位差 ψ（プサイ，またはプシー）は次式であらわされる。

$$\psi = \frac{4\pi \cdot \delta \cdot \sigma}{\varepsilon} \qquad (2-9)$$

Helmholtz は溶液中の**反対イオン**（**対イオン**という）は，固定しているもの（固定層）と考えた。このために電位は粒子表面から離れるにつれて，直線的にさがり溶液中で0となっている。しかし，溶液中のイオンは常に熱運動をしており，コロイド粒子表面からの電気的引力の影響を受けると同時に，熱運動によって溶液中に均一に分布しようとしている。したがって電気二重層としてはっきりくぎることはできず，もっと拡がりをもった層（拡散層）として考えなければならない。このような拡散的構造をもつ電気二重層を**拡散電気二重層**と呼び，**グーイ** (Gouy) および**チャップマン** (Chapman) によってそれぞれ独立に提出された。**図 2-15** は Gouy-Chapman の拡散電気二重層モデルである。粒子の表面電荷とは反対のイオン，すなわち**対イオン**は，溶液中に広く分布していて，固定層の表面からの距離はまちまちであるが，その平均的な距離は $1/\kappa$ の位置にあり，κ は次式で与えられている。

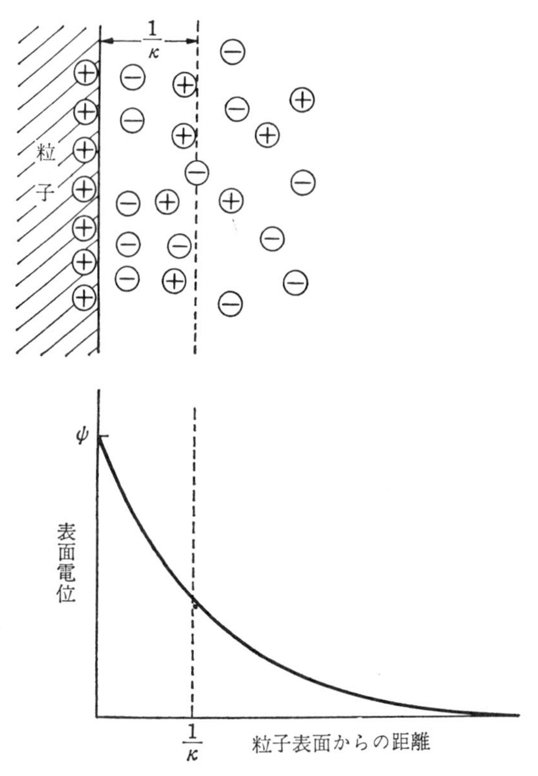

図 2-15 グーイ・チャップマンの電気二重層モデルと電位変化

$$\kappa = \sqrt{\frac{8\pi F^2}{1000\varepsilon \cdot R \cdot T}} \times \sqrt{J} \tag{2-10}$$

ここで F はファラデー定数，ε は溶液の誘電率，R は気体定数，T は絶対温度，J は**イオン強度**である。またイオン強度 J は，

$$J = \frac{1}{2}\,\Sigma C_i \cdot Z_i^2 \tag{2-11}$$

で求められ，C_i, Z_i は i 種イオン（溶液中のすべてのイオンの種類）の濃度と**イオン価数**であり，Σ（シグマ）はこれらのすべての和という意味である。この式 (2-10) からわかることは，コロイド液中に電解質を加えてイオン強度を

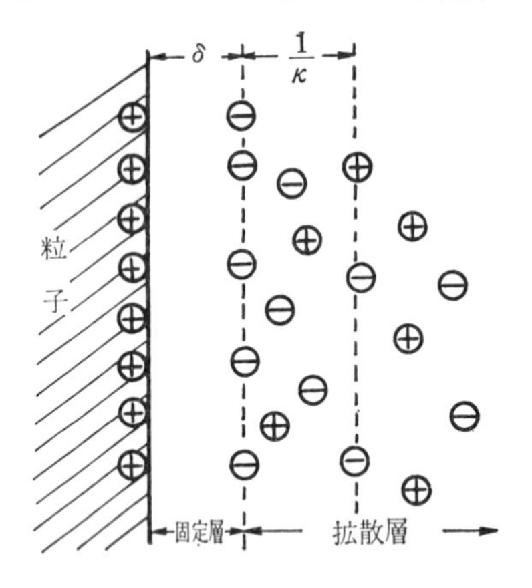

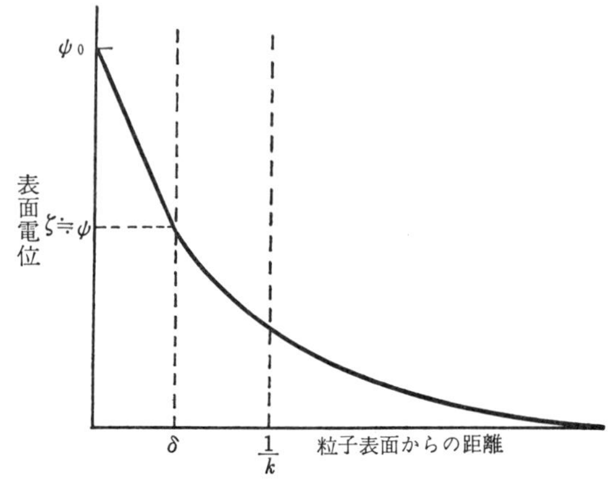

図 2-16　ステルンの電気二重層モデルと電位変化

大きくすると，実質的な拡散電気二重層の厚さと考えられる $1/\kappa$ は小さくなってゆくことがわかる。またここで注意すべきことは，もし溶液中のイオンの価数がすべておなじ場合には，電気二重層の厚さはみなおなじとなり，イオンの種類によるちがいが現われないことになるが，実際の電気二重層はイオンの性質によって強い影響をうける。こうした点を補うために**ステルン** (Stern) は，別の電気二重層モデルを示した (**図 2-16**)。それによると，溶液側は**固定層**と**拡散層**の2つの部分に分かれている。すなわち，溶液中の反対イオンの一部は粒子表面に吸着し (固定層)，残りの反対イオンは溶液中にある厚みをもって拡がっている（拡散層）とした。したがって表面電位の変化は，固定層部分では直線的に減少し，拡散層領域では指数関数的（曲線的）に減少してゆく。このモデルは**図 2-14**，**図 2-15** からもわかるように，Helmholtz モデルと Gouy-Chapman モデルを合せた形をしている。固定層と拡散層間の電位は ζ（ジータ）**電位**と呼ばれ，測定によって求められるが，電気二重層の厚さがきわめて薄い場合には，ζ 電位は ψ（プサイ）**電位**と一致すると考えられる。

B. 界面動電現象

電気二重層と密接な関係があるものとして，**界面動電現象**がある。分散系に電場をかけると，分散媒と分散相の相対運動がおきる。また逆に分散媒と分散相との相対運動によって電場を生ずることがある。これらをまとめて界面動電現象と呼んでいる。

(1) 電気泳動

図 2-17 のようなU字管にコロイド液を入れ，これに2本の電極を装入して直流電流を通じて電場を働らかせると，コロイド粒子が正電荷をもつものなら負極に，負電荷をもつなら正極に移動してゆく。この現象を**電気泳動**という。大多数のコロイド粒子は負に帯電しているが，調製の方法や，ある種の電解質を添加することによって，電荷が反対になることがある。例えば，純水に溶かしたタンパク質はほとんど中性である。これに微量のアルカリを加えると，コロイド粒子（この場合は分子コ

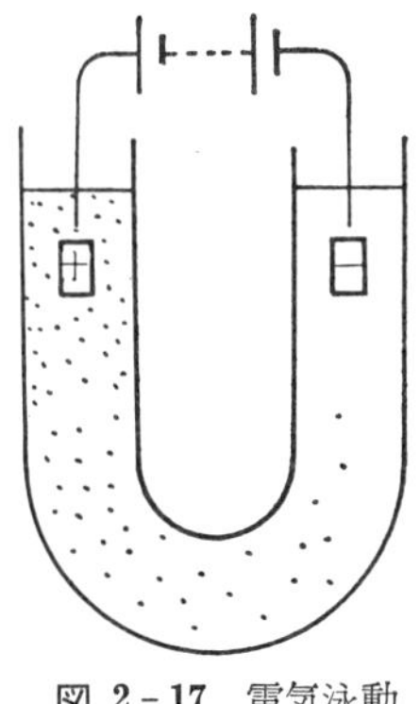

図 2-17 電気泳動

ロイド）は，正極に向って移動し始める。すなわち粒子は負の電荷をもったことになる。反対に酸を加えると，負極に向って移動するから，粒子は正電荷をもったことになる。**表 2-4** はコロイド粒子のもつ電荷の例である。

表 2-4　コロイド粒子の電荷の例

正　電　荷	負　電　荷
水酸化鉄	金，白金，銀
酸化アルミニウム	イオウ，炭素，ケイ酸，スズ酸
水酸化クロム	五酸化バナジウム
メチレンブルーなど塩基性染料	コンゴーレッドなど酸性染料
プロラミン，ヒストンなど	アルブミン，ゼラチン，カゼイン，デンプンなど

コロイド粒子の移動速度は次の式で求めることができる。

$$v = \frac{\varepsilon \cdot E \zeta}{4\pi\eta} \qquad (2-12)$$

ここで v は泳動速度，E は電場の強さ，η および ε は媒質の粘度および誘電率，ζ はコロイド粒子の ζ 電位である。したがって ζ 電位は，v を実測することによって求めることができる。この式を**スモルコフスキー** (Smoluchowski) **の式**という。

表 2-5 は水を分散媒としたときの，コロイドの電気泳動速度である。(＋) 符号は正コロイドを，(－) 符号は負コロイドの意味である。

表 2-5　水を分散媒としたコロイド溶液の電気泳動速度
(Burton)

物　質	泳 動 速 度
Au	-2.16×10^{-4} cm/sec
Pt	-2.06
Ag	-2.36
Bi	$+1.1$
Fe	$+1.9$
$Fe(OH)_3$	$+5.25$

コロイド粒子が電荷をもっているということは，コロイドの安定性やコロイド性物質の精製，分離などいろいろの点で重要な意味をもっている。1937 年，**チゼリウス** (Tiselius) らは，電気泳動によってタンパク質や他のコロイド性の物質を分析するための精密な電気泳動装置を考案した (**図 2-18**)。

図 2-18 の AB の部分はスリ合せになっている特殊な U 字管で，AB より下の部分にコロイド液，上の部分に溶媒を入れてから，再び AB をスライドさせて元の位置にもどすと，AB 面ではコロイド液と溶媒の界面がはっきり現われる。U 字管の両口に，正または負の電圧をかけると界面の移動が始まる。

溶媒とコロイド液では光の屈折率がちがうから，この界面の部分に光をあてて屈折率を測定し，その相違から界面の位置や電気泳動速度を知ることができる。

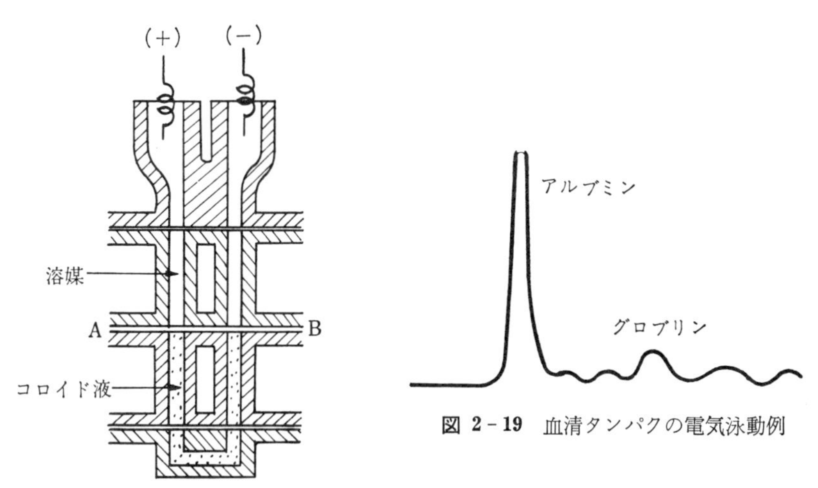

図 2－18 チゼリウスの電気泳動装置

図 2－19 血清タンパクの電気泳動例

図 2－19 は血清タンパクの電気泳動例であるが，山の位置は界面の位置を示し，山の高さは屈折率をあらわし，屈折率の大きいほど高くなる。また現われた山の数はコロイド液中に存在する異る分子種の数である。したがってこの図から，電気泳動速度の他に，存在する分子の種類，量，大きさなどを推定することができる。

（2） 電気浸透

図 2－20 のような装置の毛細管の表面に電気二重層がある場合，多孔性隔膜をはさんだ電極の両端に電位差を与えると，電気二重層中の拡散イオンが移動し，それにともなって溶媒（例えば水）も移動する。

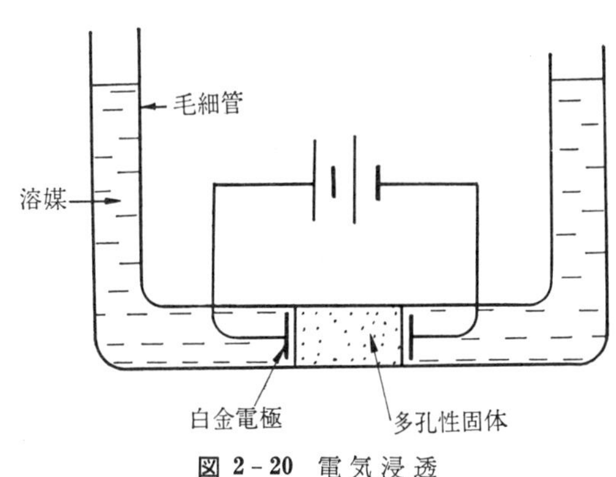

図 2－20 電気浸透

この現象を**電気浸透**という。これは固体と溶媒の界面に電気二重層が生じているためで，固体は固定されているから動けず，溶媒が動くことになる。溶媒の移動する方向は，電気泳動現象の際の粒子の動きとは反対方向で，ちょうど電気泳動とは反対の現象となる。電気浸透も応用分野は広く，例えば，ロ過困難なペースト，スラリーのような物質から液体をこしとる際に利用されている。

C. コロイド粒子の電荷と等電点

先に述べたように，いろいろな原因から多くの場合コロイド粒子は電荷をもっているが，その中でセッケンのようなミセルコロイドや分子コロイドでは，その一部分が解離して粒子に電荷を与える場合が多い。セッケン (R·COONa) ではナトリウムが電離して陽イオンとなるから，その結果，粒子（セッケンのミセルコロイド粒子）は負に帯電することになる。ところでタンパク質は1分子中にアミノ基とカルボキシル基を同時にもっている**両性電解質**であり，アルカリ性の強い場合，すなわちpHの大きいときは，アミノ基はプロトンを解離しているので電荷をもたず，カルボキシル基の電離のために，分子は負に帯電している。これとは逆に強い酸性溶液中では，アミノ基もカルボキシル基もプロトンを付けているために，分子は正に帯電していることになる。このように条件によって，タンパク質は陽イオンにも陰イオンにもなることができる。タンパク質ではある適当なpHにおいて，電離しているカルボキシル基の数と，プロトンを付けているアミノ基の数がちょうど等しくなる場合がある。すなわち一つのタンパク質分子のもつ正電荷と負電荷の量が相等しい。このようなpH値を**等電点**といい，タンパク質の種類によって異る。**表 2-6** はいろいろなタンパク質の等電点を示したものである。

表 2-6　タンパク質の等電点

タンパク質	等電点 (pH)	タンパク質	等電点 (pH)
ペプシン	2.6〜2.2	絹フィブロイン	2.1〜5.1
トリプシン	5.0〜8.0	卵黄レシチン	2.0〜2.2
グリアジン	6.5	牛乳カゼイン	4.6〜4.9
コラーゲン	4.8〜5.3	牛乳アルブミン	4.6
インシュリン	5.3〜5.4	牛乳ラクトグロブリン	4.5〜5.5
血清グロブリン	5.1〜5.5	小麦グリアジン	6.5

等電点においては，コロイド液のいろいろな性質が，極大または極小を示すことが知られている。

2・7　コロイド分散系の安定性

A.　安定化の要因

コロイド分散系が安定を保つためには，不安定にするような要因を解消しなければならない。不安定にする原因はいろいろあるが，コロイド粒子が何かの原因で大きくなりすぎれば沈降し，また逆に粒子が分散媒にとけて真の溶液になれば，もはやコロイド分散系ではなくなる。先に述べたように，コロイド粒子はブラウン運動によって絶えず互いに衝突したり，液の対流によってかきまわされているが，その際に凝集力によって粒子どうしが集合し結合するならば，粒子はしだいに大きくなっていつかは沈殿するはずである。この現象を**凝析**または**凝結**という。安定なコロイド状態を保つためには，粒子どうしが結合できないようにしてやればよい。その方法として，ひとつは粒子が帯電していることである。コロイド粒子がすべて同じ種類の電気をもてば，粒子どうし接近しても電気的反発力によって，粒子は結合しあうことはない。また粒子と分散媒との親和性が強ければ，粒子は分散媒を自分の近くに強くひきつけて，他の粒子の接近を妨げることができる。これを**溶媒和**といい，分散媒が水の場合は**水和**と呼んでいる。

次に溶解度との関係も重要である。コロイド液中に分散しているコロイド粒子は，すべて均一の大きさであるとは限らない。粒子の大きさがちがう場合には，小さい粒子の方が大きい粒子よりも溶解度が大きいから，小粒子は時間とともに溶解してますます小さくなる。またこの時に系の温度を上げてやれば，小粒子が溶解してゆく割合はさらに大きくなる。溶解してさらに小さくなった分散相分子は大きい粒子に沈着してゆき，大きい粒子は逆にますます大きくなってついには沈殿することになる。したがって安定な分散系を得るためには，分散媒に対してコロイド粒子の溶解度がきわめて小さいものでなければならないことがわかる。

B. 凝析価と凝析力

コロイド液のうちで疎液コロイドは，粒子の帯電による反発力によって安定が保たれている。したがって，反発力を減少させるような電解質(粒子のもつ電荷と反対符号の電荷をもったイオン）を加えると，コロイド粒子表面の電位が低下して反発力が減少し凝析が起る。コロイド液に電解質を加えて凝析が起る場合，凝析を起させるに必要な最低電解質濃度を mM で表したものを**凝析価**といい，凝析価の逆数を**凝析力**という。凝析価の小さいものほど凝析力は大きくなる。コロイド液の凝析効果は，コロイド粒子の電荷の種類や添加イオンの価数によってちがってくる。**表 2-7** および **表2-8** は**ハーディ**(Hardy) および**フロインドリッヒ** (Freundlich) による，正コロイドと負コロイドの凝析価を示したものである。一般に負コロイドを凝析するには，原子価の大きい陽イ

表 2-7　正コロイド $Fe(OH)_3$ 溶液の凝析価 (Hardy)

電解質	凝析価
HCl	400>
HNO_3	400>
KI	16.2
KBr	12.5
KNO_3	11.9
NaCl	9.25
KCl	9.0
$MgSO_4$	0.22
K_2SO_4	0.21
$K_2Cr_2O_7$	0.20

表 2-8　負コロイド As_2O_3 溶液の凝析価 (Freundlich)

電解質	凝析価
LiCl	58
NaCl	51
KNO_3	50
KCl	49.5
HCl	31
$MgSO_4$	0.81
$MgCl_2$	0.72
$BaCl_2$	0.69
$ZnCl_2$	0.69
$CaCl_2$	0.65

オンを，正コロイドに対しては原子価の大きい陰イオンほど有効であり，凝析価は小さく凝析力は大きい。これを**シュルツ・ハーディ** (Schulze-Hardy) **の法則**という。このように凝析価は反対符号のイオンの原子価の大小によって，だいたいの値は決ってくるが，同じ原子価をもったものでも，その凝析価がだいぶ違っているものがある。コロイド粒子表面の電荷の低下は，それと反対の電荷をもつイオンの接近ないしは吸着によって起るから，凝析価がちがうのはこの傾向の大小（強弱）によっていることが考えられる。これについて，**松野**はコバルチアンモニウムという錯イオンを用いて，硫化ヒ素コロイドに対する凝

析値を求めた。

図 2-21 はそれらの結果を示したもので，x 軸に原子価の対数，y 軸には凝析価を同じく対数で現わしてあるが，この間には図のような直線的な関係がみられる。

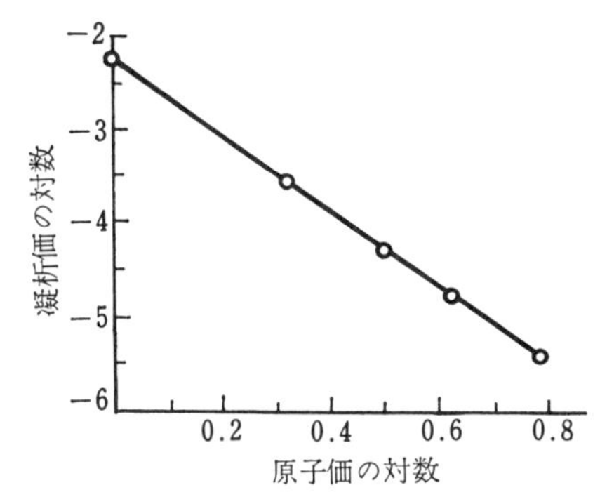

図 2-21　錯塩（コバルチアンモニウム）による凝析価（松野）

また Freundlich は硫化ヒ素コロイドに，凝析価に相当する量のイオンを各種加えて，実際にコロイド粒子表面に吸着されるイオンの量を測定した。

表 2-9 はその結果である。

表 2-9　硫化ヒ素コロイドに対する各種イオンの凝析価と吸着量　(Freundlich)

イ　オ　ン	凝析価（ミリモル/l）	硫化ヒ素1gに吸着されている陽イオンの量（ミリ当量）
K^{+}	50	0.082
(アニリン)$^{+}$	2.5	0.074
Ca^{2+}	0.6	0.100
Sr^{2+}	0.6	0.082
Ba^{2+}	0.7	0.110

ところで溶液中に存在するイオンの濃度 C と，粒子の表面に吸着されるイオンの量 x との間には，次の式であらわされる**フロインドリッヒの吸着式**がある。

$$x = k \cdot C^{n} \tag{2-13}$$

ここで k, n は定数である。横軸に電解質溶液の濃度，縦軸にイオン吸着量をとり，式 (2-13) をグラフで示すと**図 2-22** のようになる。

表 2-9 中の Ca^{2+} イオンと Sr^{2+} イオンの凝析価が同じであるにもかかわらずその吸着量がちがう。これは吸着力の差によるもので，吸着力が大きければグラフはおきて y 軸よりとなり，吸着力が小さければ，x 軸の方向にねてくるような吸着曲線に変わってゆく。これらのことから，凝析について溶液にとけているイオンの量，すなわち凝析価という濃度よりも，実際に吸着される

イオンの量の方が重要であることがわかる。

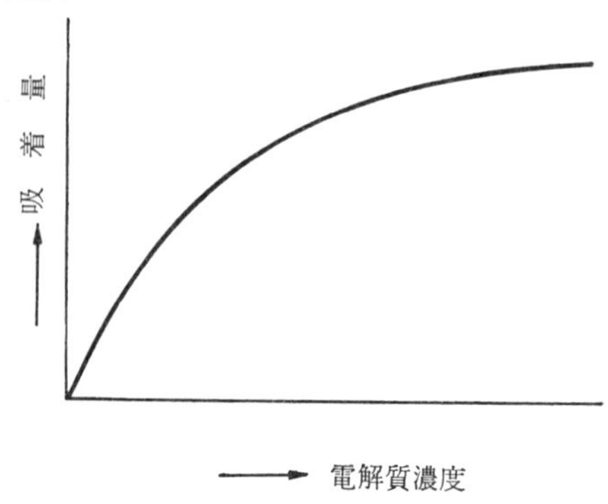

図 2-22 凝析価と吸着力

C. イオンの拮抗作用

コロイド液の凝析は，ただ1種類の電解質によって引き起されるとは限らない。実際に2種以上の電解質が加わっておきる場合の方が，身近な例からもずっと多いと考えられる。

そこで2種類以上の電解質が加わった場合，凝析価はどうなるであろうか。いま2種類の電解質が加えられた場合を例にとると，電解質 A の濃度を C_A とし，この電解質の凝析価を C_1 とする。同様に電解質 B について，その濃度を C_B，凝析価を C_2 とする。電解質 A だけならば $C_A/C_1=1$ のとき，電解質 B だけならば $C_B/C_2=1$ のときに凝析が起る。この場合電解質は A, B の2種類存在するから

$$\frac{C_A}{C_1}+\frac{C_B}{C_2}=1 \qquad (2-14)$$

という関係が成立つことが考えられる。事実金コロイドの凝析では，加える電解質 (LiCl, KCl, $MgCl_2$, $BaCl_2$, $AlCl_3$ など) 間に式 (2-14) のような加成性がみとめられている。

しかしながら，硫化ヒ素コロイドに対しては式 (2-14) の関係がなりたたない。例えば**表 2-10** に示したように，硫化ヒ素コロイドを塩化バリウムのみで凝析するには 1.60 (ミリ当量/l) でよいが，前もって塩化ナトリウム (NaCl) を 12.5 (ミリ当量/l) 加えておくと，その場合硫化ヒ素 (As_2S_3) コロイドは，

表 2-10 硫化ヒ素コロイドに対するイオンの拮抗作用

（ミリ当量/l）

$NaCl+BaCl_2$		$KCl+BaCl_2$	
他の電解質 (NaCl) 濃度	凝析に必要な $BaCl_2$ 濃度	他の電解質 (KCl) 濃度	凝析に必要な $BaCl_2$ 濃度
0.0	1.60	0.0	1.60
12.5	1.93	12.5	1.88
25.0	1.98	25.0	1.92
43.7	1.82	43.7	1.62
62.5	1.30	62.5	1.05
95.0	0.00	83.0	0.00

塩化バリウム ($BaCl_2$) 1.60（ミリ当量/l）では凝析せず，1.93（ミリ当量/l）加えなければならなくなる。$BaCl_2$ を単独で利用した場合より余分に加えなければ凝析がおきないということは，NaCl の存在によってそれだけ $BaCl_2$ の凝析力が弱められたことになる。このことは $KCl \sim BaCl_2$ の関係についても同様にみとめられる。このように他のイオンの共存によって，電解質を単独で利用した場合よりも凝析力が抑制される現象を**イオンの拮抗作用**と呼んでいる。この現象は動植物の生命現象のうえできわめて重要なものであるが，その本質はまだよくわかっていない。

D. 速い凝集と遅い凝集 —DLVO 理論—

分子間にはもともと普遍的な引力が働いており，これを**ファン・デル・ワールス** (van der Waals) **力**と呼んでいる。コロイド粒子は小さいといっても，分子の大きさにくらべればずっと大きいが，このコロイド粒子の間にも van der Waals 力が働いていると考えられる。いま**図 2-23** のように，同種の電荷の拡散電気二重層をもった半径 a の 2 つのコロイド粒子 A, B が H だけ離れているとすると，その間に働く van der Waals 力 V_A は，近似的に次の式であらわされる。

$$V_A = -\frac{Aa}{12H} \tag{2-15}$$

A は**ハマカー** (Hamaker) **定数**といい，粒子の種類によってきまる。さてこの 2 つの粒子がだんだんと接近してくれば，各々のもっている電気二重層が重なりだすためにこの部分の浸透圧が大きくなり，粒子間に電気的な反発力 V_R

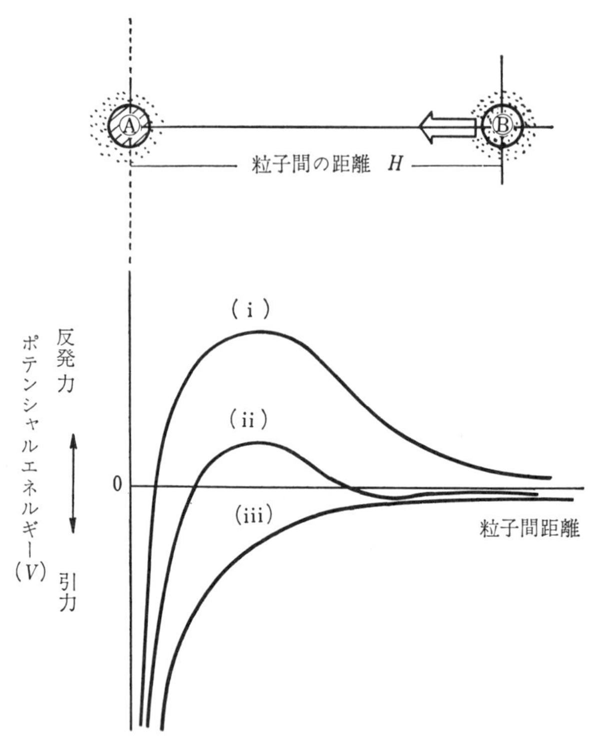

図 2－23　粒子間距離とポテンシャルエネルギー

が生ずる。したがって接近する粒子間には van der Waals 力と**静電気的反発力**が同時に作用することになり，粒子どうしが凝集するか否かはこの 2 つの力のバランスによってきめられる。反発力 V_R については，ソ連の**デリヤーギン** (Derjaguin) と**ランダウ** (Landau) およびオランダの**フェルウェイ** (Verwey) と**オーベルビーク** (Overbeek) によってそれぞれ独自に計算され，近似式としては次の式であらわされている。

$$V_R = \frac{\varepsilon a \zeta^2}{2} \cdot e^{-\kappa H} \qquad (2-16)$$

ここで a はコロイド粒子の半径，H は粒子間の距離，ε は分散媒の誘電率，ζ はゼータ（またはジータ）電位，κ の意味は式 (2－10) で述べたものと同じものである。

粒子どうしが接近する際，その間に働く**ポテンシャルエネルギー**は，結果的に van der Waals 力と静電気的反発力の和として表わすことができる。**図 2-23** はそのポテンシャルエネルギー V と，2つの粒子間の距離の関係を示したものである。

粒子 B が粒子 A に近ずいてゆくと，まず反発力が働いてその接近が妨害される。粒子 B が粒子 A にとうたつするためには，これにうち勝って van der Waals 引力の作用する領域に入らなければならない。すなわちポテンシャルエネルギーという山をこえなければならない。したがってこの山が高ければ高いほど凝集は困難となり，粒子どうしの凝集はみられずコロイドは安定である(i)。エネルギー障壁となっている山の高さは，反発力の大きさによってきめられる。反発力をあらわす式(2-16)の中には，電気二重層に関係する因子 κ と ζ が入っている。いまコロイド液中に電解質を加えてイオン強度を大きくすると(式(2-10)と式(2-11)を参照)，κ は大きくなり，その結果電気二重層の厚さ $\left(\dfrac{1}{\kappa}\right)$ は縮まってきて電気的反発力は減少してゆく。また式(2-16)からわかるように，正負の符号にかかわらずゼータ電位 ζ の絶対値が小さいほど，反発力は小さくなってゆく。反発力が減少することにより，**図 2-23** 中の(ii)型のようにポテンシャルエネルギーの山は低くなり，コロイド粒子はゆっくり凝集してゆく。さらに電解質を加えてゆけば，ポテンシャルエネルギーの山は(iii)型のように全く無くなってしまい，凝集は妨げられず粒子どうしは速かに凝集することになる。これらの現象の(ii)と(iii)は各々，**緩凝集**および**急凝集**と呼ばれて区別されている。先の4人の研究者によって発展させられたコロイド分散系の安定性に関する理論は，彼等の大きな貢献により研究者の名前の頭文字をとって(**D**er-jaguin-**L**andau-**V**erwey-**O**verbeek) **DLVO 理論**と呼ばれ広くうけ入れられている。

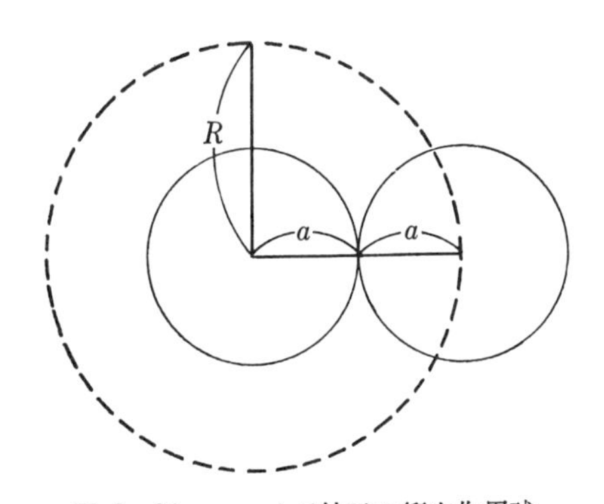

図 2-24 コロイド粒子の衝突作用球

E. 凝集速度

コロイド粒子の凝集が進行するにつれて，分散している粒子の大きさや数が変化してくる。**スモルコフスキー** (Smoluchowski) は凝集による分散粒子の数の変化に注目して，凝集を起す速度について次のように考えた。それによると，ブラウン運動しているコロイド粒子のまわりに，**図 2-24** のような粒子半径の2倍の半径をした作用球を仮定し，点線円の内側，すなわち粒子間引力の作用球の半径内に入って衝突した粒子は（粒子間に反発力が働いていないので）すべて凝集して合体するものとして凝集速度を次の式で表わした。

$$\Sigma N = N_1 + N_2 + \cdots\cdots = \frac{N_0}{(1+t/\theta)} \tag{2-17}$$

ここで N_0 は時間 t が0のときの粒子数，ΣN は t 時間後の粒子数，θ（シータ）は**比凝集時間**と呼ばれる定数で，粒子数 ΣN が最初にあった粒子数 N_0 の半分になるのに要する時間をあらわし，その値は次の式であたえられる。

$$\theta = \frac{W}{4\pi DRN_0} \tag{2-18}$$

D は粒子の拡散定数，R は作用球の半径，W は**安定度比**といい急凝集の場合は1，緩凝集では1より大きくなる。**図 2-25** は急凝集による分散粒子数の時間変化を示したものである。また N_1 は単粒子，N_2 は2粒子合併，N_3 は3粒子合併を意味している。

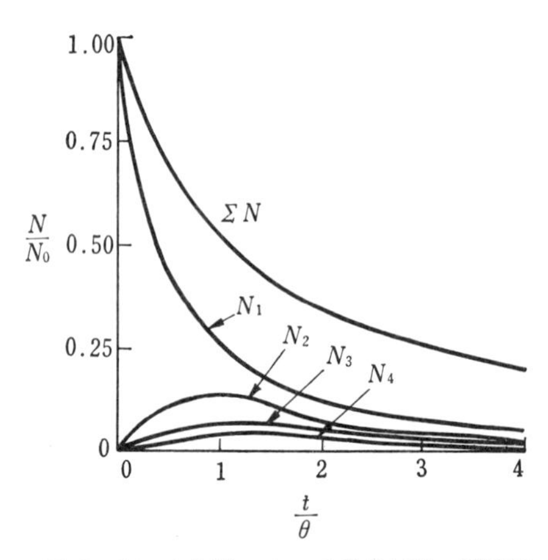

図 2-25 急凝集による分散粒子数の時間的変化 (Smoluchowski)

F. 塩析と離液順列

親液コロイドは疎液コロイドに比べて，一般に凝集しにくいことがわかっている。例えば，イオウのコロイドとゼラチンのコロイド液に，それぞれ同量の硫酸アルミニウムを加えると，イオウコロイドは凝集するがゼラチンコロイドは凝集しない。しかし多量の塩類を加えた場合には，ゼラチンコロイドも凝集を起す。このことは親液コロイドが分散媒との親和性が強く，コロイド粒子のまわりに分散媒を強く引きつけて，他の粒子との接触を防いでいるためであり，さらに電荷をもっているから疎液コロイドのように簡単に凝集されない。したがって親液コロイドを凝集するには，粒子と分散媒との結合を引きはなし，もっている電荷を中和してやらなければならない。このように親液コロイドの凝集を**塩析**と呼んでいる。

次にいろいろな塩類を用いて塩析を行なうと，イオンの種類によって**塩析力**が異ることがわかる。例えば，**ホフマイスター**(Hofmeister) は卵タンパクであるオバルブミン・コロイドに，電解質を加えて凝集がおきることを発見した。**表 2-11** はその結果の一部である。

表 2-11　オバルブミンに対する各種電解質の塩析力　(Hofmeister)

陰イオン＼陽イオン	K^+	Na^+
〔クエン酸〕$^{3-}$	0.56 M	0.56 M
SO_4^{2-}	—	0.80
CH_3COO^-	1.67	1.69
Cl^-	3.52	3.62

この結果から塩析効果は凝集価の場合とちがって，イオン価の相違による影響はほとんど受けていないことがわかる。また，各種の電解質を用いて，他の親液コロイドについてその塩析効果を比較してみると，次のようなイオンの塩析力の強さが見られる。

1価の陽イオン：$Li^+ > Na^+ > K^+ > Rb^+ > Cs^+$

2価の陽イオン：$Mg^{2+} > Ca^{2+} > Sr^{2+} > Ba^{2+}$

陰　イ　オ　ン：クエン酸イオン$^{3-} > SO_4^{2-} > F^- > Cl^- > Br^- > NO_3^- > I^- > CNS^-$

この塩析力の強さを示す順序を**離液順列**または **Hofmeister 順列**と呼んでいる。加えた電解質はコロイド粒子をかこんでいる水和水（分散媒が水の場合）を粒子とうばい合うことになるから，電解質の塩析効果はイオンの水和力に依存するといえる。

G.　保護作用と増感

疎液コロイドの安定性はコロイド粒子の帯電によって保たれていることはさきに述べた通りであるが，疎液コロイドに親液コロイドを加えると，親液コロイドが疎液コロイド粒子の表面に吸着されて，あたかも親液コロイドであるかのごとき性質を示して安定性を増す。この作用をコロイドの**保護作用**といい，このときの親液コロイドをとくに**保護コロイド**と呼んでいる。

この保護作用は**チグモンディー**（Zsigmondy）によって定義された**金数**で表わされている（**表 2-12**）。赤い金ゾルの 10 ml に保護コロイドを加えておき，食塩の 1% 水溶液 1 ml を加えたとき，ゾルの赤色が青色に変わるのを防ぐために必要な保護コロイドの最小量を mg 数で表わしたものである。したがって金数の小さいものほど保護作用が強いことになる。

表 2-12　金　　数（Zsigmondy）

保護コロイド	金　　数
ゼラチン	0.005〜0.01
アラビアゴム	0.15〜0.25
カゼイン	0.01
ニカワ（魚）	0.01〜0.02
トラガント	2
アルブミン	0.1〜0.2
デキストリン	6〜20
デンプン	15〜30

疎液コロイドに親液コロイドを多量に加えれば保護作用をするが，少量加えた場合には疎液コロイドはかえって不安定となる。この現象を**増感**という。

H. 異粒子間の凝集 ―ヘテロ凝集―

これまでの凝集は同じ物質からできている粒子間の凝集についてであった。しかし身近かな例を考えると，例えば洗たくの際に発生する汚れ粒子のセンイへの付着（再汚染），水の浄化装置，ペイントを作るときの数種の顔料の混合などに見られるように異種の粒子間の凝集も考えられる。このような凝集を**ヘテロ凝集**と呼んでいる。

同種粒子間の凝集と同様に，ヘテロ凝集の場合にもその粒子間の相互作用は，粒子周囲の電気二重層のひろがりによって生ずる反発力と van der Waals 力によって説明されるが，異種粒子間では重なり合う電気二重層は，同種粒子間の場合とちがって対称とはなら

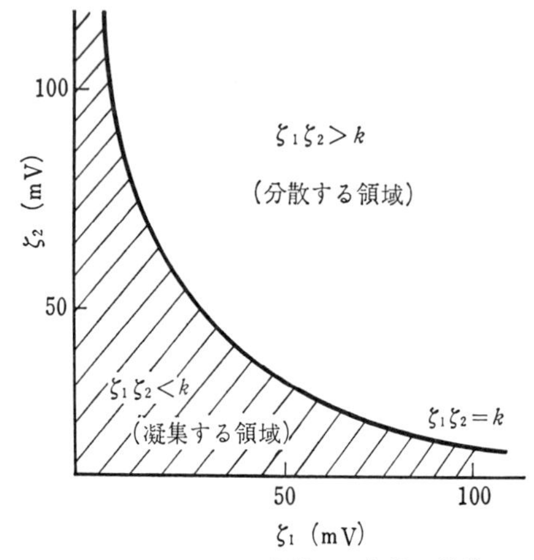

図 2-26　ヘテロ凝集の一般的な挙動

ない。したがって接近し合う粒子間にいつでも反発力が働くとは限らず，また van der Waals 力が引力となるとは限らない点が同種粒子間の相互作用の場合と異る点である。

臼井らの水銀滴を用いた研究によると，各々性質のちがう 2 つの粒子のゼータ電位を ζ_1, ζ_2 とするとき，2 つが異符号のときは当然引き合うから滴の合体が起る。しかし同符号の場合であっても，ζ_1 と ζ_2 の積がある一定値 k より小さい場合には合体し，大きい場合には合体しにくく分散状態をとることが確められた。**図 2-26**[1)] は $\zeta_1\zeta_2=k$ をグラフに示したもので，ζ_1 と ζ_2 は互いに反比例するから双曲線となる。

k の値は水溶液中の電解質濃度によって決まる。

図からわかるように，ヘテロ凝集では同種粒子間の凝集とは逆に電解質濃度が低いときに凝集がおきて，高いときにはおきなくなることがある。

3. いろいろな界面現象

3・1 表面張力

A. 表面張力の原因

液体を容器に入れるとその表面は平面になるが，自由な液面では必ずしも平面にならない。たとえば草の葉の上についた水滴や，固体平面上の液滴，水道管から離れた水滴などはそのよい例である。

表面張力は表面に作用し表面を縮めようとする力ではあるが，これはゴム膜を引っ張るのに必要な力とはその性質を異にする。ゴム膜は引っ張られて表面積が増大するほど，大きな力を必要とするが，水の表面はどんなに広がっても張力の大きさは変わらない。

ところで液体内部にある各分子は，分子のすぐ近くにある他の分子によってまわりから引力を受けている。それらの引力によるポテンシャルエネルギーの低下は，表面にある分子に対するものよりも大きい。表面近くにある分子は，引力がほとんど液体側（内側）から作用するために，それによるポテンシャルエネルギーの低下は，液体内部の分子に対するより小さい。したがって，表面の分子は常に内部分子よりポテンシャルエネルギーが高く，折があれば内側に入ろうとしている。このことは表面の分子数の減少を意味している。この関係を図示したものが**図 3-1** である。余分のエネルギーがすなわち**表面自由エネルギー**であり，**表面張力**にほかならない。つまり分子間引力の大きい物質ほど，表面自由エネルギーは大きく表面張力も大きいことになる。

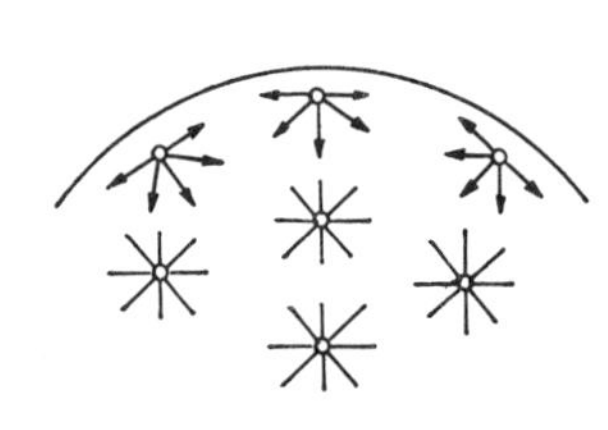

○印は分子を示す

図 3-1 液体の表面および内部における分子間の引力

また固体の表面にも同様にして，表面張力や表面エネルギーを考えることができる。しかし液体の表面が流動性であるのに対して，固体表面はそのような性質はないから，液体のような表面張力の現われ方はしない。しかし稜とか角がだんだんと丸くなってゆくことや，固体表面で液体が広がってゆくなどの現象から知ることができる。

表 3-1 液体物質の表面張力

物　　質	温 度 (°C)	γ (dyne/cm)	物　　質	温 度 (°C)	γ (dyne/cm)
水	10	74.22	ベンゼン	20	28.88
〃	15	73.49	トルエン	20	28.43
〃	20	72.75	パラフィン油	25	26.4
メチルアルコール	20	22.6	オリーブ油	20	32.0
エチルエーテル	20	16.96	ヒマシ油	18	36.40
グリセリン	20	63.4	ラウリン油	45	28.5

表面張力 γ (普通 γ ガンマーで示す) は〔力〕/〔長さ〕(dyne/cm) の単位で表示されるが，これはまた次のように書きかえることができる。

$$\frac{〔力〕}{〔長さ〕}=\frac{〔力〕\times〔長さ〕}{〔長さ〕\times〔長さ〕}=\frac{〔仕事〕}{〔面積〕}\ \text{または}\ \frac{〔エネルギー〕}{〔面積〕}$$

このことから表面張力を実測して (dyne/cm) 単位で表わした数値は，そのまま (erg/cm^2) の単位で表わすことができ，単位面積を新しくつくるための仕事を表示するのに使用される。**表 3-1** の中で 20°C における水の表面張力は 72.75 (dyne/cm) であるが，これは水の表面 1 cm^2 の形成のために 72.75 erg 必要であるということを示している。

B. 表面張力の変化

一般に純粋な液体の表面張力は，表面が形成されたときにほとんど瞬間的に一定値に達するが，いろいろな条件によって常に一定であるというわけにはいかない。表面張力の変化はいろいろな界面現象にとってきわめて重要である。

(1) 温度による変化

たいていの液体の表面張力は，温度の上昇とともに減少してゆく。例えばベンゼンの場合，**表 3-2** のとおりである。

表 3-2 ベンゼンの温度変化による表面張力

温　度　(°C)	20	61	91	120	150	180	210	240	270	280
表面張力 (dyne/cm)	28.9	23.61	20.13	16.42	13.01	9.56	6.45	3.47	1.05	0.36

これは分子間の引力は温度に無関係であるが，熱運動は高温になるほどはげしいから，内部から表面に分子を運ぶには少ないエネルギーですむことがわかる。分子間の凝集力がゼロに近づく**臨界温度**の領域では，表面張力は非常に小さくなり，臨界温度では液体と気体間の界面が消失してしまうから表面張力もなくなる。

（2）　時間による変化

次にナトリウムセチルサルフェートの各種濃度溶液をつくり温度を一定にし，その時間経過による表面張力の変化を測定してみると，**図 3 - 2**[1] のようになる。表面張力は時間の経過とともに徐々に一定値に達するが，溶質の種類によって数時間から数日を要するものもある。また，十分に平衡に達した条件のときの表面張力を**静的表面張力**といい，平衡に達しないときのものを**動的表面張力**と呼んでいる。

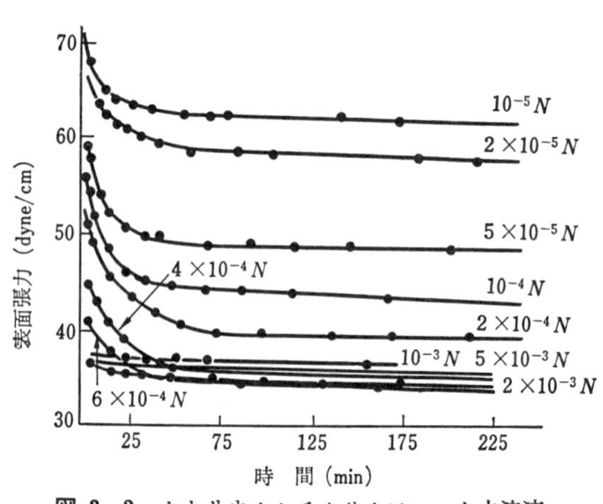

図 3 - 2　ナトリウムセチルサルフェート水溶液の表面張力の時間的変化

（3）　溶質の種類による変化

いま，塩化ナトリウム，エチルアルコール，セッケンの３種を選んで，いろいろな濃度の水溶液をつくり，その表面張力を測定した結果が**図 3 - 3** である。（ｉ）は（塩化ナトリウム＋水），（ii）は（エチルアルコール＋水），（iii）は（セッケン＋水）である。（ii）と（iii）は濃度の増加とともに表面張力は減少するが，（ｉ）はむしろ逆に少しずつ増加している。（ｉ）は塩化ナトリウムで代表される無機電解質がこれに相当し，（ii）は有機物質の水溶液がこれに属している。また（iii）は**界面活性剤**（後述 p. 42）と呼ばれるものであり，著しく表面張力を低下させる性質をもっている。このように溶質の種類によってはっきりとした表面張力の差があらわれている。

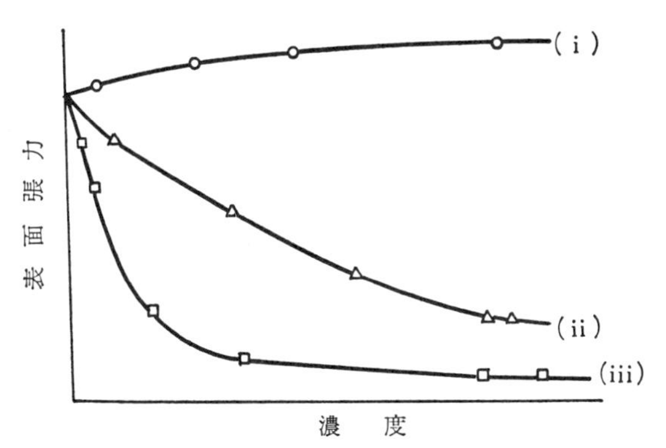

図 3-3 各種物質の濃度と表面張力

(4) 濃度・炭素数の違いによる変化

同種類の物質で炭素数が異る物質，例えばアルコール水溶液やカルボン酸と表面張力との関係は，**図 3-4**，**図 3-5** のように炭素数が増加するにつれ減少している。また炭素数，温度を一定にすると，さきの無機物質のような物質を除けば，大部分のものは濃度の増加に対して表面張力は減少するのが普通であ

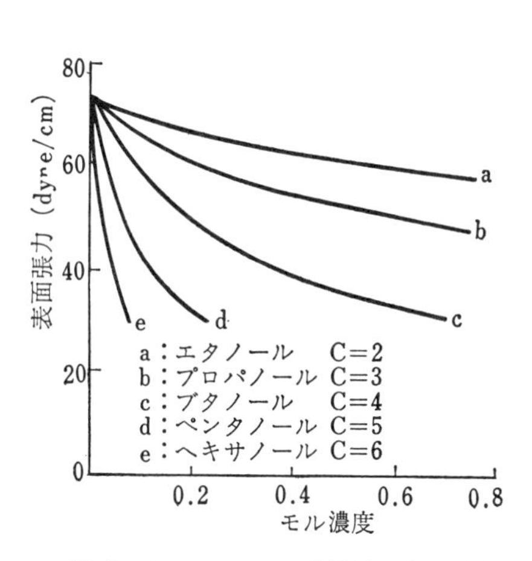

図 3-4 アルコール水溶液の表面張力

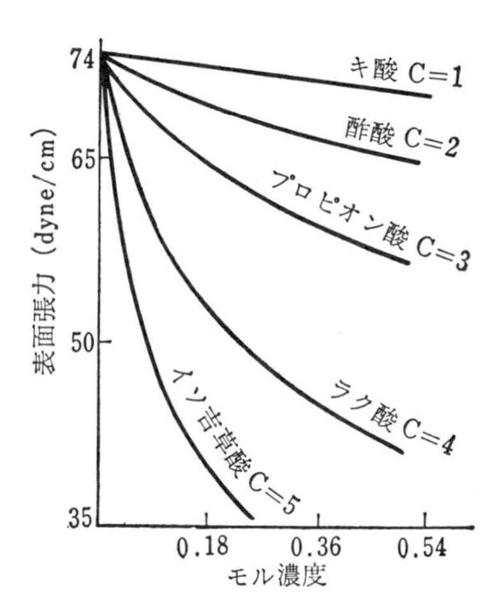

図 3-5 カルボン酸の表面張力

る。炭素数の相違による表面張力の低下率は，炭素原子1個増すごとに約 1/3 に減少する。この現象を**トラウベ** (Traube) **の規則**と呼んでいる。ただしこの関係は溶質濃度の低いときだけで，高濃度では成り立たなくなる。

C.　表面張力の測定方法

(1)　毛管上昇法

古くから利用されている測定法であり，ここで使用される毛細管さえ清浄であれば測定方法も簡単で，正確な値を得ることができる。液体中にガラスの毛細管をひたすと，液体と毛細管壁との付着力が液体の凝集力より大きければ，毛細管中に液体が上昇してくる（図 3-6)。上昇して平衡に達した時の液面の高さを h，毛細管の半径を r，液体の密度を ρ，表面張力を γ，重力の加速度を g とすると，これらの間に次のような関係がある。

$$\gamma = \frac{rh\rho g}{2\cos\theta} \qquad (3-1)$$

g, r, ρ, h は測定することができるが，θ は測定困難である。したがって，この毛管上昇法による表面張力の測定は $\theta=0$ なる条件が必要であり，この条件が満されない場合にはこの方法を利用することはできない。

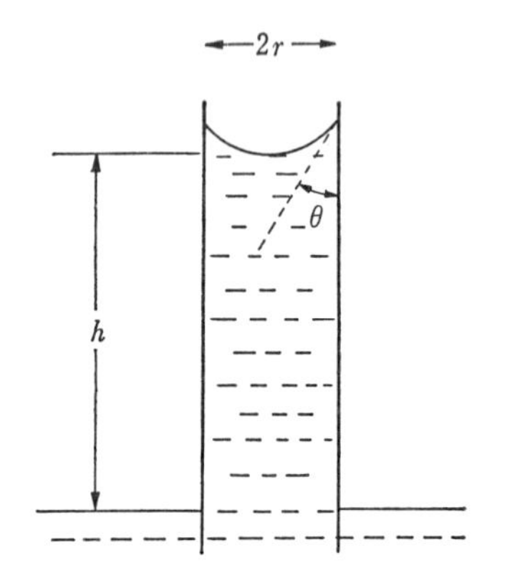

図 3-6　毛管上昇法による表面張力測定

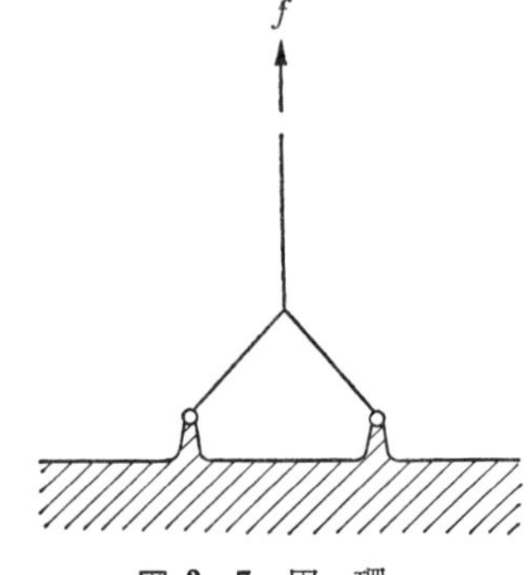

図 3-7　円　環

(2)　円　環　法

図 3-7 のように，白金の円環を液体中に液面に平行に沈め，これを静かに

垂直に引き上げてゆくと，円環に液体が付着して液膜も上昇し，その周囲に表面張力が働いて引き上げる力に反抗する。そして引き上げる力を次第に大きくしてゆき，膜が切れる瞬間の表面張力を測定する。液体の表面張力を γ，白金リングの半径を r，引き上げる力を f とすると，この間に次の関係が成り立つ。

$$f = 4\pi\gamma r \tag{3-2}$$

この方法も先の方法と同様，白金リングが清浄であれば再現性が良く，簡便であるが精密な測定には適さないのが特徴である。**図 3-8 のデュヌーイ** (Du Noüy) 型表面張力計はこの方法を用いたものである。

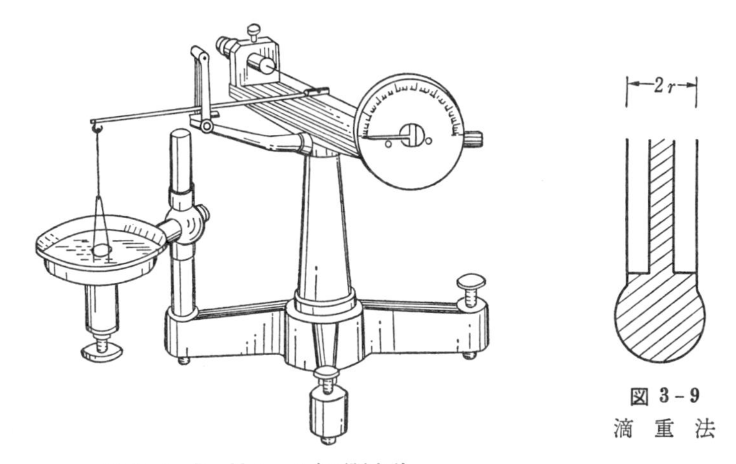

図 3-8 Du Noüy の表面張力計

図 3-9
滴　重　法

(3) 滴　重　法

水道せんがゆるいと水滴が落ちてくる。滴重法はこの現象に似ている。外径が $2r$ の管の先端から液体を落下させた場合（**図 3-9**），液滴の重さがその液体の表面張力よりも大きくなったときに液滴は落下する。したがって，液滴が落下する瞬間の表面張力を測定すればよい。液滴の重さを M，表面張力を γ，重力の加速度 g とすると，この間に次の関係が成り立つ。

$$Mg = 2\pi r\gamma \tag{3-3}$$

しかし，実際には液滴は全部落下しないで一部分は残るために，この分だけ補正しなくてはならない。補正項を F とすると，F は式 (3-4) で求められ補正することができる。

$$\gamma = \frac{Mg}{r} \cdot F \qquad (3-4)$$

3・2 界面活性剤の性質

A. 親水基と疎水基

水と油は互いに溶け合うことはない。いま水と油が界面をなして存在する中に，セッケン液を入れて振とうすると，いままであった明確な境界面はなくなり，あたかも水と油が溶け合ったかのような状態を示す。この場合にセッケンは水と油の両方の性質をもっていると考えなければならない。このように溶質が2相間の界面に作用して，それらの界面張力を著しく低下させる場合，この性質を**界面活性**といい，そのような性質を示す物質を**界面活性剤**という。界面活性剤の化学的構造は水に対して親和性をもつ親水基と，油（水以外のもの）に対して親和性を示す疎水基とから成っている（**図 3-10，図 3-11**）。

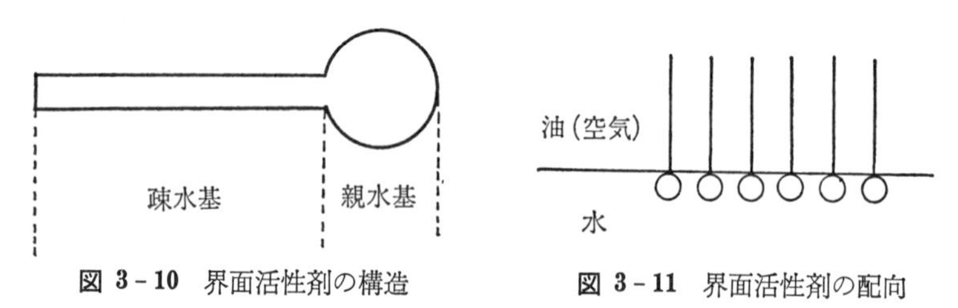

図 3-10 界面活性剤の構造　　**図 3-11** 界面活性剤の配向

界面活性剤の種類は非常に多く，その分類は普通親水基の性質によって分けられている。すなわち親水基の部分がイオンに解離するものを**イオン性界面活**

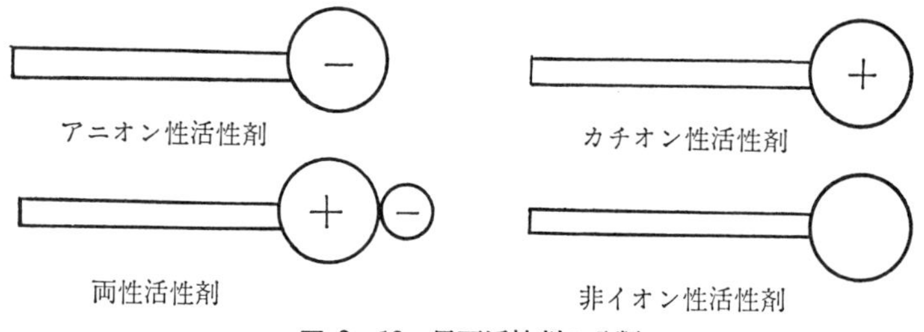

図 3-12 界面活性剤の分類

性剤，解離しないものを**非イオン性界面活性剤**と呼び，さらにイオン性界面活性剤は解離したイオンの電荷の符号によって，**アニオン性界面活性剤**，**カチオン性界面活性剤**，および**両性界面活性剤**に分けることができる（図 3－12）。

また，界面活性剤の応用分野は非常に広く，それらの用途によって洗浄剤，分散剤，乳化剤，浸透剤，可溶化剤などと呼ばれている。界面活性ということを広義に考えると，これら4つのタイプの活性剤の他にもより分子量の大きい**高分子界面活性剤**と呼ばれるものも利用されている。

B.　H. L. B.　—親水基と疎水基のつり合い—

界面活性剤は同一分子中に親水基と疎水基を同時にそなえているために，その活性剤が親水性になるか疎水性となるかは，同一分子内での親水基と疎水基の相対的な強さが問題となる。こうした関係を定量的に表現したものが**グリフィン** (Griffin) らによる **H. L. B.** (**H**ydrophile-**L**ipophile-**B**alance) の考え方である。これは親水基と疎水基のつり合いという意味で，主として非イオン性活性剤を対称として経験的に求められたもので，理論的な裏付けは充分でない。

H. L. B. の計算式はいろいろ提出されているが，**川上式**によると H. L. B. 値は次の式で示される。

$$\text{H.L.B.} = 7 + 11.7 \log \frac{M_W}{M_0} \qquad (3-5)$$

ここで M_W は活性剤親水基の分子量，M_0 は活性剤疎水基の分子量である。

(H. L. B. の計算例)

ポリオキシエチレンドデシルアルコール $C_{12}H_{25}O(C_2H_4O)_{15}H$ の H. L. B. 値は，

親水基の分子量 M_W：$-O(C_2H_4O)_{15}H=677$

疎水基の分子量 M_0：　$C_{12}H_{25}-$　$=169$

$\text{H.L.B.}=7+11.7\log 677/169=7+7.1=14.1$

この式から

$M_W>M_0$ ならば H. L. B.>7 で親水性が強く

$M_W<M_0$ ならば H. L. B.<7 で疎水性が強いといえる。

図 3－13[2] は H. L. B. 値と活性剤の用途との関係を示したものであるが，ここに示された数字は大体の傾向を示すもので厳密な意味はないことに注意す

る必要がある（p. 59 参照）。

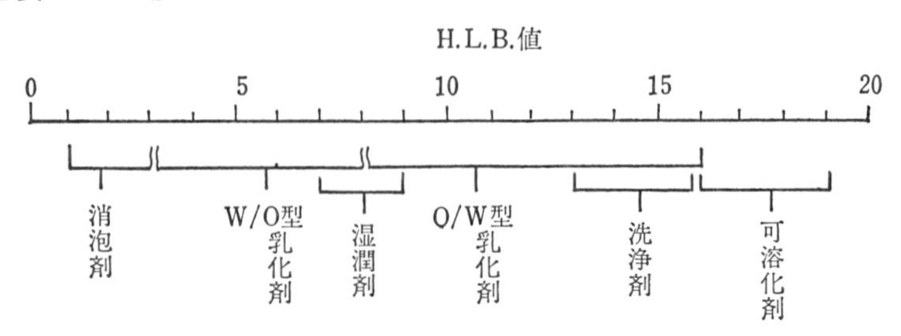

図 3-13　H. L. B. 値と用途との関係（Griffin）

C.　ミセルの形成と臨界ミセル濃度

界面活性剤の希薄な水溶液は理想溶液としての性質を示すが，だんだんと溶液の濃度を高めてゆくと，活性剤分子は親水基を水側に，疎水基を空気側に向けてその界面に集ってくる。さらに濃度を高めると，水と空気の界面は活性剤分子で完全におおわれ，表面はちょうど分子が一列に並んだような分子の層をつくる。この分子層を**単分子層**と呼んでいる。一方，溶液の内部では分子どうし，イオンどうしが会合を起して集合体をつくりはじめる。濃度がある程度濃くなると溶液の性質に大きな変化を生じ，コロイド液としての性質を示すようになる。この時生ずる集合体を**ミセル**（micelle）といい，ミセルが急激に生成増加すると考えられる濃度を**臨界ミセル濃度**（**c**ritical **m**icelle **c**oncentration）またはこの頭文字から **c. m. c.** とよんでいる（図 3-14）。

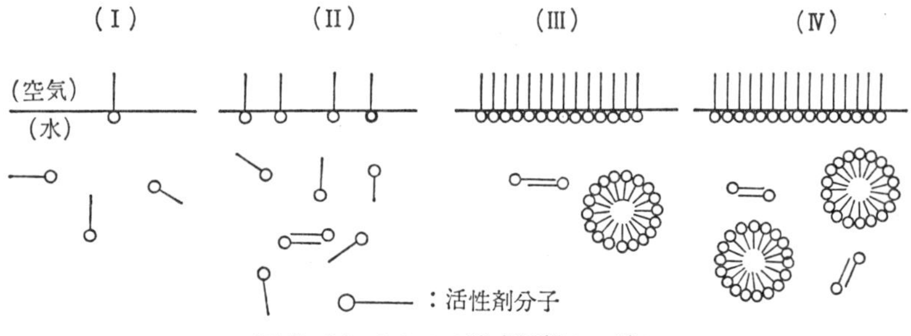

図 3-14　ミセルの形成過程のモデル

この c. m. c. 値を境として界面活性溶液の性質，例えば表面張力，電気伝導度，可溶化能，粘度，浸透圧などの急激な変化がみとめられている（図 3-15）。

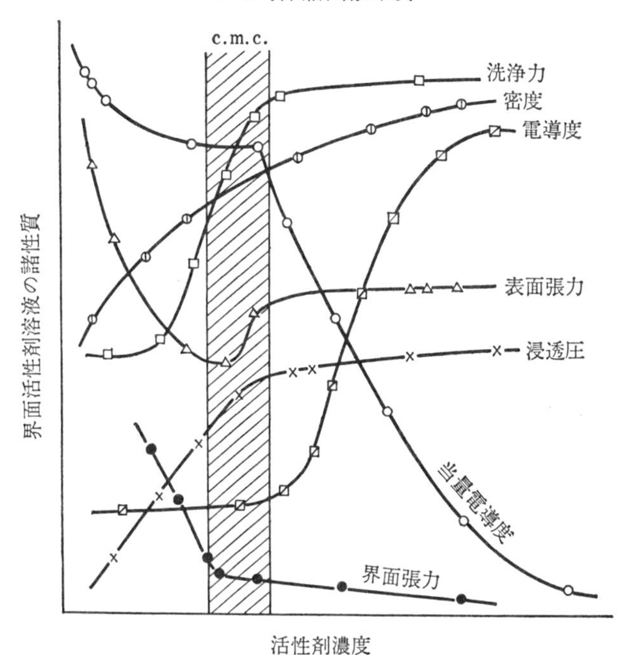

図 3-15　物理的性質の濃度による変化

ミセルの形成は，界面活性剤の分子が親水基と疎水基という性質の相反する基を同時にもち合わせているためである。これは水分子どうしの親和力が，水と炭化水素，あるいは炭化水素どうしの分子間力よりも強く，そのために会合体をつくるものと思われる。ミセルの形態は実際にはみられず，界面活性剤溶液が示す数々の現象を説明する際に都合のよいように，その形を推定しているのである（図 3-16）。

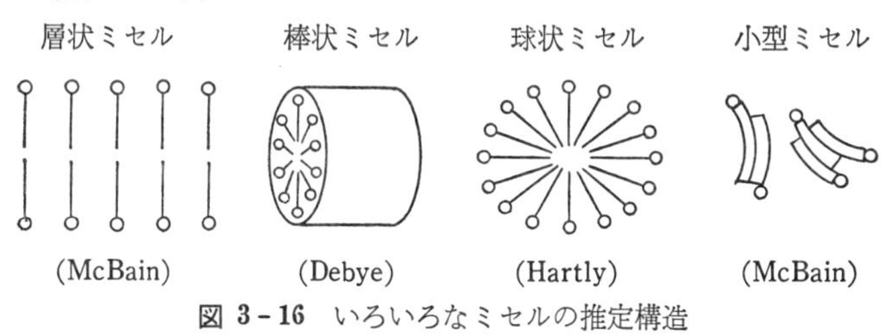

図 3-16　いろいろなミセルの推定構造

一般にミセルを構成する界面活性剤の分子の数は 50～150 個ぐらいと考えられ，c. m. c. 以下の濃度でも小型ミセルは生成されているといわれている。

（1） c. m. c. の測定法

（a） 表面張力法

純粋な液体の表面張力は時間的に変化しないが，界面活性剤溶液の場合には表面に活性剤分子が吸着するために，ふつう測定値は時間とともに変化する。表面張力値の減少の割合は，ミセルの存在しないような低濃度ではかなり著しいが，ミセルの形成後はほとんど変化はなく c. m. c. はグラフの中で明瞭な屈折点となって現われている。この現象を利用したものが表面張力法で，ふつう円環法によって測定される（図 3-17)[3]。

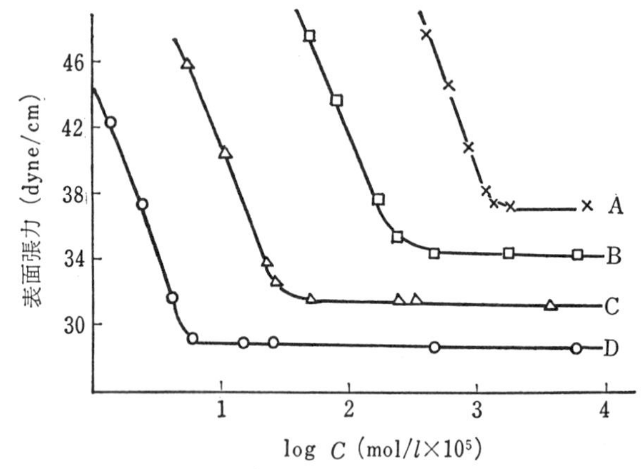

図 3-17　表面張力による c. m. c. の決定

（b） 電気伝導度法

イオン性界面活性剤（例えば硫酸ドデシルナトリウム）の各種の濃度溶液をつくり，その抵抗を測定した結果が**図 3-18**[4] である。図に示すように c. m. c. は 2 直線の交点として求めらる。この方法は精度が高く一般によく使用されている。また屈折点が明瞭にでない場合には，**図 3-19**[5] のように当量電導度～濃度の平方根曲線を求めると，はっきりとした c. m. c. 値を求められることが多い。

（c） 色　素　法

界面活性剤溶液にある種の色素を加えると，活性剤のある濃度を境として非

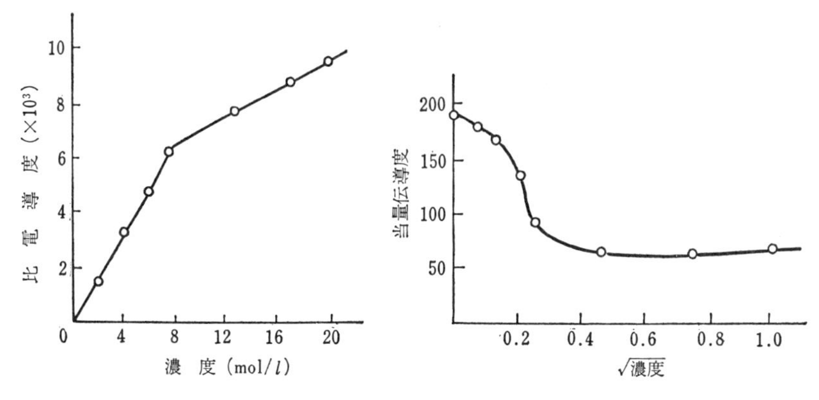

図 3－18 硫酸ドデシルナトリウム水溶液の比電導度（30°C）

図 3－19 ドデシルアミン塩酸塩の当量伝導度

常にちがった色調を示す。このように色素を用いてその濃度を一定にしておき活性剤濃度を変えていった場合に，急激な色調の変化がみられる。色素はアニオン性活性剤に対してはローダミン 6G が，カチオン性活性剤にはエオシンなどが利用されている。c. m. c. の前後で色調が変わるのは，互いに反対の電荷をもつ活性剤イオンと色素イオンが結合して複合塩をつくり，ミセル形成と同時に複合塩が解離して色素イオンが遊離するためである。この変色の機構から，

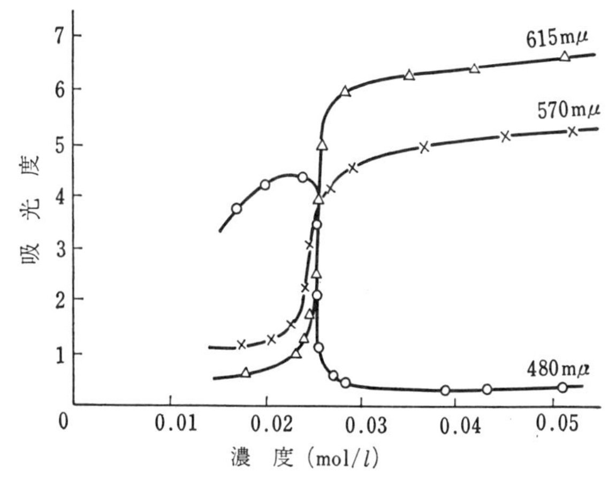

図 3－20 色素法による c. m. c. の決定
ラウリン酸カリウム水溶液中のピナシアノールの吸光度

色素法は非イオン性活性剤に対しては有効でないことがわかる（図 3 - 20)[6]。

（2） ミセル限界濃度（c. m. c.）の変動

ここでは，界面活性剤が水溶液中でミセルを生ずる濃度，すなわち c. m. c. がどのような原因で変動するかを考えてみよう。

（a） 疎水基の長さ

一般にイオン性活性剤については，その疎水基が長くなると（炭素数が多くなると）c. m. c. は等比級数的に減少してゆくことがいろいろな結果からみとめられている。図 3 - 21[7] および図 3 - 22[8] はこの例を示したものである。しかし分子中に不飽和基や極性基が入ってくると c. m. c. は大きくなる。アルキル基中の炭素数（N）と c. m. c. との間には，次式のような関係が成り立つことが知られている。

$$\log \text{c. m. c.} = A - BN \tag{3-6}$$

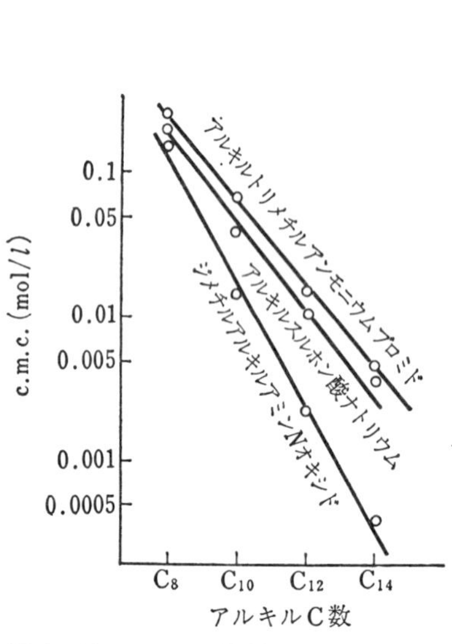

図 3 - 21　アルキル鎖長による c. m. c. の変化（Herrman）

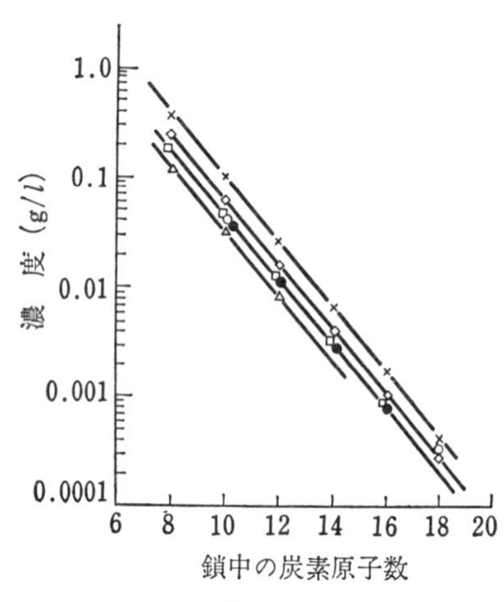

図 3 - 22　界面活性剤の連鎖長と c. m. c. との関係（Bailey）

× カリセッケン（屈折率法）
□ ナトリウムアルキルスルホネート（屈折率法）
△ ナトリウムアルキルサルフェート（伝導度法）
◇ アルキルトリメチルアンモニウムブロマイド（伝導度法）
○ アルキルアミン塩酸塩（屈折率法）
● アルキルアミン塩酸塩（伝導度法）

ここで A, B は活性剤によってきまる定数である。

（b） 親 水 基

イオン性活性剤の場合，疎水基の影響にくらべると親水基の影響は小さいが，親水基の数が増えれば c. m. c. は増大する。また親水基が分子中のどの場所に入っているかによって影響がちがってくる。非イオン性活性剤では，親水基，例えばエチレンオキサイド (E・O) を付加しても，c. m. c. が増加するものばかりではなく，反対にわずかながらも減少してゆく例もみとめられる（図 3-23）[9]。

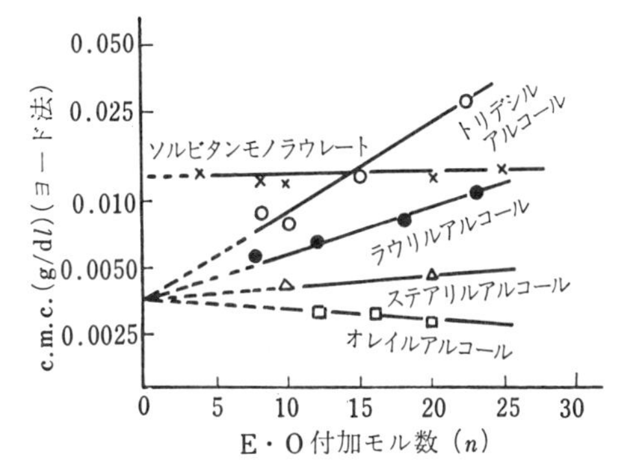

図 3-23 非イオン活性剤の c. m. c. と E・O 付加モル数との関係 (Becker)

（c） 温 度

イオン性活性剤は**クラフト点** (Krafft) (p. 51 参照) 以上の温度でないとミセルは形成せず，一般に**表** 3-3[10] に示すように温度の上昇とともに増加するが，硫酸アルキルエステルのように温度〜c. m. c. 関係で極小値をもつような例外も存在する。

（d） 添加物の影響

添加物として例えば電解質を加えた場合，活性剤イオンは集合しやすくなり c. m. c. は低下するが（図 3-24）[11]，塩の濃度や塩の価数におもに影響されることがわかる。また有機物としてアルコールを添加してみると（図 3-25）[12]，濃度の増加につれて c. m. c. は低下してゆくが，鎖長の長いほど影響は大きく，さらに非極性化合物よりも極性化合物の方が大きいことがわかっている。

表 3-3　c. m. c. に対する温度の影響（西，笠井，今井）

温度 (°C)	アルキルスルホネート $C_{10}Na$ ㊧屈	$C_{10}Na$ 伝	$C_{12}Na$ 屈	$C_{12}Na$ 伝	$C_{14}Na$ 伝	$C_{16}Na$	セッケン C_8K 屈	$C_{10}K$ 屈	$C_{12}K$ 屈	$C_{14}K$ 屈	$C_{16}K$ 屈	オレインK 屈
25	41.0						390	98	25.5	6.6		
35	42.0		10.0								1.8	0.6 (30°C)
40		40.0		11.0	2.0							
45	45.0		11.0			1.05 (47.5°C)	450	118	30.5	7.4	1.9	
50	49.0											1.1
55	55.0		12.0									
60		43.0		12.0	3.3							
65			14.0									
80		58.0		14.0	4.6							

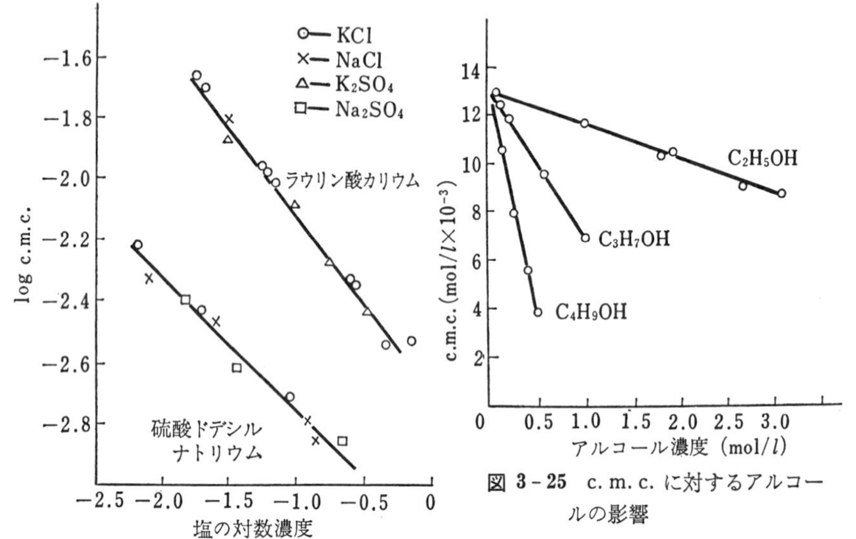

図 3-24　c. m. c. に対する塩の影響

図 3-25　c. m. c. に対するアルコールの影響

D. 活性剤の溶解性

界面活性剤は同一分子内に水と親和性のある親水基と，反対に水とは親和性のない疎水基を同時にもっているために，無機塩類やアルコールが水に溶ける場合とは相当ちがった現象を表わす。そこで温度変化に対して活性剤がどのような溶解性を示すかを，イオン性活性剤と非イオン性活性剤に分けて考えてみよう。

（1） **クラフト点**

イオン性活性剤の水に対する溶解度は，ある温度に達すると急激に上昇する。この現象を**クラフト現象**といい，この時の温度を**クラフト点** (Krafft) と呼んでいる。クラフト点は各活性剤に固有のもので，重要な意味をもっている。それはクラフト点より低い温度では活性剤のミセルは存在せず，クラフト点付近またはそれ以上の温度になった時はじめてミセルが形成されるからである。クラフト点から急激に溶解度が上昇するのは，ミセルの状態で溶解するためである（図 3 - 26）[13]。

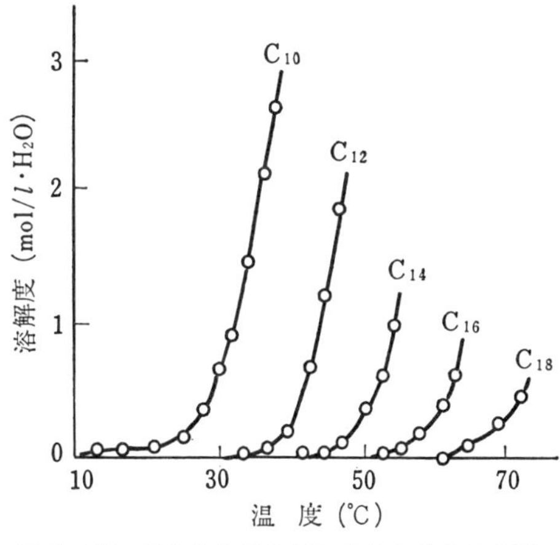

図 3 - 26 アルキルスルホン酸ナトリウムの溶解度

（2） **曇　　点**

非イオン活性剤の水溶液を加熱してゆくと，ある温度で急激に溶液は白濁してしまう。この時の温度を**曇点**といい，各非イオン活性剤の一定濃度水溶液についてほとんど定った固有のものである。

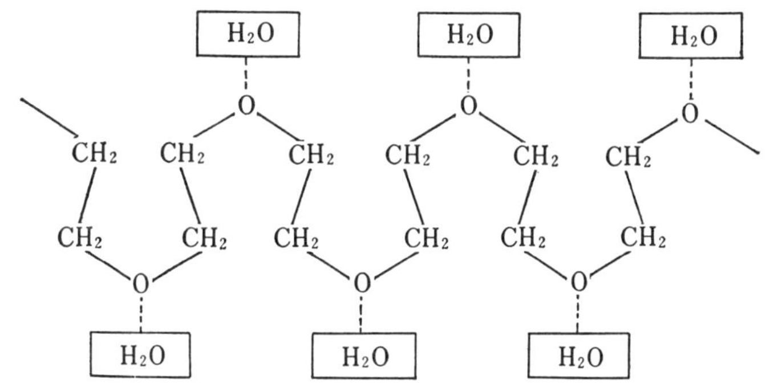

図 3 - 27 ポリオキシエチレン鎖にエーテル結合している水分子のモデル
（…… 印は水素結合を示す）

この現象は，ポリオキシエチレン鎖はその酸素原子が水分子との水素に結合よって結ばれているが，この水素結合は熱に弱く温度が上昇してある温度に達すると切れてしまい，ポリオキシエチレン鎖が水から分離するために起る（図3－27)。

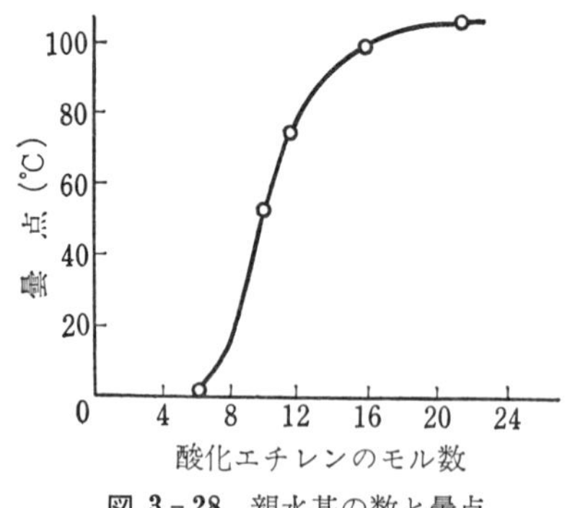

図 3－28　親水基の数と曇点

親水基が多いほど，より多くの水素結合ができるので曇点は高くなる。**図3－28** はノニルフェノール酸化エチレン誘導体の酸化エチレン付加モル数と曇点の関係を示したものである。曇点は非イオン活性剤の水に対する溶解度と比例的な関係があると考えられる。

次に白濁した活性剤水溶液をさらに加熱すると，一度にごった溶液が再び半透明になることがある。これは活性剤水溶液中に不純物が混っているためで，逆にこのことを利用して精製度を高めることもできる。

曇点は非イオン性活性剤の水に対する親和性の尺度を示しており，その H. L. B. との関係も重要である。

E.　可溶化現象

物質の中には水に難溶性であるために，その性質を十分に発揮できないものや，また不都合をきたしているものが多い。こうした水に溶解しない物質を，アルコールその他の溶剤を使用せずに，界面活性剤の少量の添加によって水に透明に溶解させることができる。この現象を**可溶化**といっている。

可溶化現象は界面活性剤の c. m. c. 以下の濃度ではみられない。したがって可溶化は活性剤のミセルによるものと考えられるから，ミセルの生成を促進したり，ミセルを大きくするような因子は，可溶化を増大させることになる。可溶化は可溶化される物質（被可溶化物質）の性質によって，いくつかの型に分けて考えることができる。

（1）　可溶化のタイプ

（a）　サンドイッチ型

水中におけるミセルの状態は疎水基を内側に向け，その周囲を親水基がかこんでいると考えられる。したがって無極性の被可溶化物，例えばベンゼンなどはミセル内部の無極性の部分（疎水基の部分）に溶けこむことによって可溶化される。このような型の可溶化を，**サンドイッチ** (sandwich) **型**可溶化または**ミセル中心溶解型**と呼んでいる（図 3－29）。

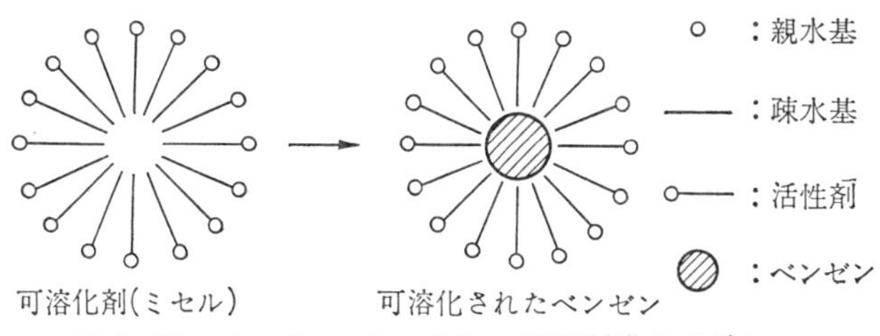

図 3－29　ベンゼンのサンドイッチ型可溶化のモデル

（b）　パリセード型

被可溶化物がアミン，アルコール，脂肪酸のように極性基（親水性を示す基）を有するものは，無極性物質の可溶化にみられたようなサンドイッチ型にはならない。図 3－30 は高級アルコールの可溶化のモデルを示したものであるが，この図からわかるように，被可溶化物質が界面活性剤分子の間につきささった，または入り込んだ状態で可溶化される。すなわち一種の**複合ミセル**をつくり溶解する。このような可溶化を**パリセード** (palisade) **型**，または**ミセル杭層浸透型**という。

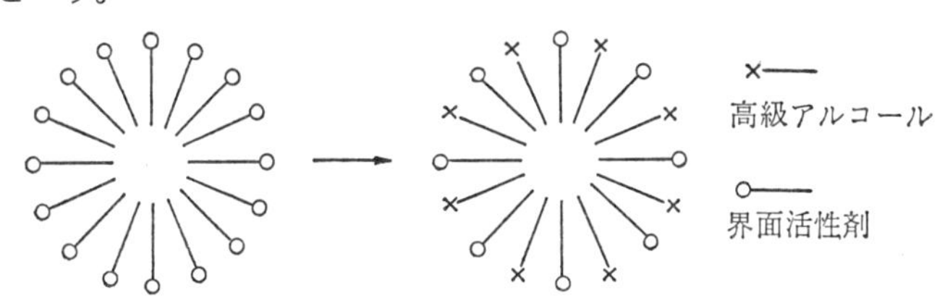

図 3－30　高級アルコールのパリセード型可溶化モデル

（c）　吸　着　型

さきの2つの可溶化のタイプのように，被可溶化物がミセルの中に入ってしまったり，活性剤にはさまれたような型とは違ってミセルの表面に吸着されることによって可溶化されるもので，高分子物質や染料に多く，可溶化量は比較的少ない。例えば，イエロー AB などの染料の可溶化はこの型に属する（図 3-31）[14]。図 3-32[14]はジメチルテレフタレートの吸着型可溶化のモデルを示したものである。

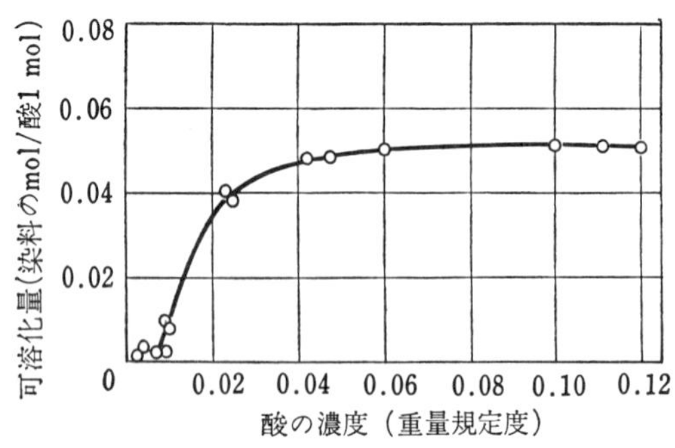

図 3-31　ラウリルスルホン酸溶液によるイエロー AB の可溶化（25℃）（McBain）

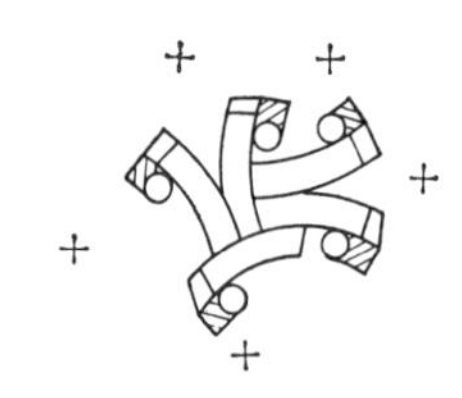

図 3-32　ジメチルテレフタレートの吸着型可溶化のモデル（McBain）

（d）　逆ミセル型

さきの (a) の例では，水にベンゼンを可溶化する場合であったが，逆にベンゼン中に水を可溶化する際にはどうなるであろうか。

非水溶媒中においては，活性剤は水中における場合とちょうど反対の向きになって集合している。すなわち親水基を中心にして疎水基を外側に向け，いわゆる**逆ミセル**の型をしていると考えられる（図 3-33）。非水溶媒中ではこれらのミセルによって水が可溶化される。図 3-34[15]はアルキルアミンカルボン酸塩のベンゼンによる水の可溶化を示したものである。

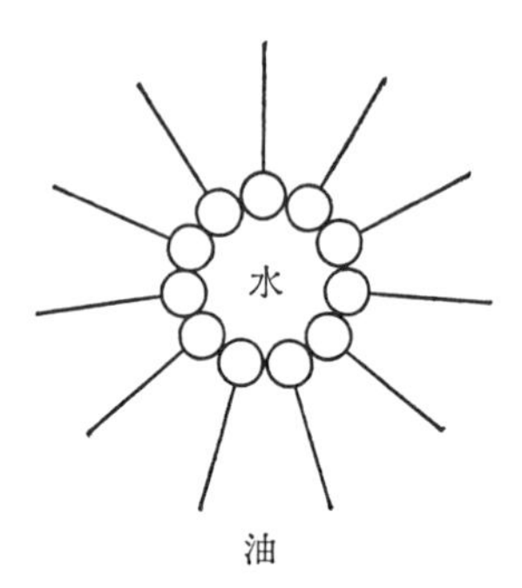

図 3-33　逆ミセルのモデル

（2）　可溶化量に影響を与えるもの

可溶化現象はミセルの形成およびその性質と密接な関係があるから，c. m. c. やミセルの大きさに影響をあたえるような因子は，そのまま可溶化能力にも影

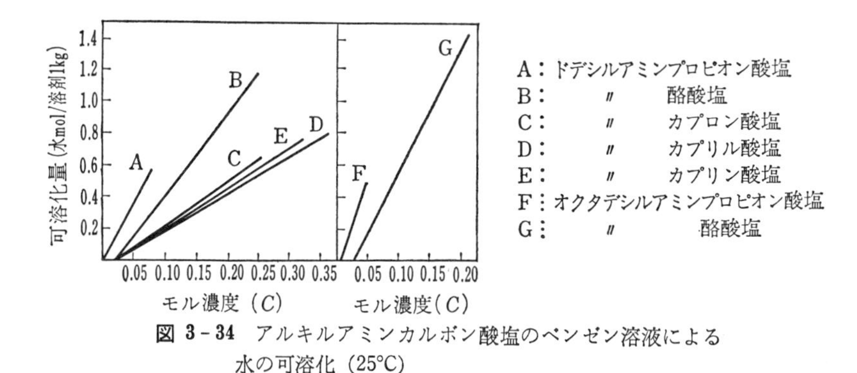

図 3－34 アルキルアミンカルボン酸塩のベンゼン溶液による水の可溶化 (25°C)

響する。

(a) 活性剤分子の長さと構造

図 3－35[16] はカリセッケンによるオレンジ OT (染料) の可溶化のもようを示したものであるが，可溶化剤が同族の場合被可溶化物の極性，無極性に関係なく，可溶化剤のアルキル鎖 (炭素数) の長い方が可溶化能が大きい。この場合にも炭素数による可溶化能力の差がはっきりみとめられている。また可溶化剤のアルキル鎖に二重結合が入っていると，同じ炭素数の飽和のものよりも可溶化能は大きくなる傾向がある。

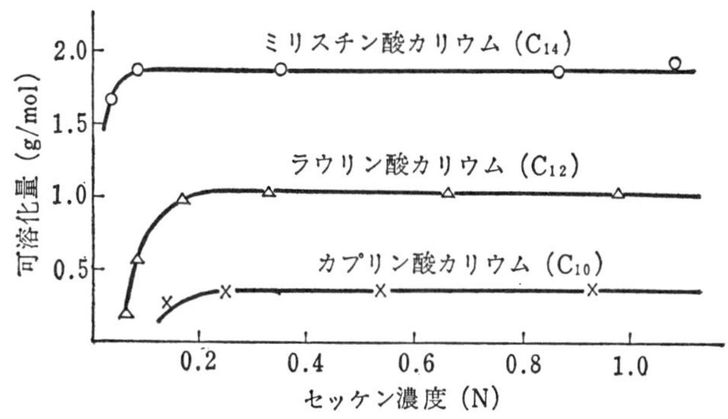

図 3－35 カリセッケンによるオレンジ OT の可溶化 (25°C)

(b) 電解質の添加

炭素数が同じである極性物質と無極性物質を用い，これに電解質を添加した場合，明らかに可溶化能は異り，無極性物質の可溶化は促進されるが極性物質は抑制される（図 3-36）[17]。いいかえれば，サンドイッチ型可溶化は促進され，パリセード型では可溶化量が減少する。このことは次のように説明されている。

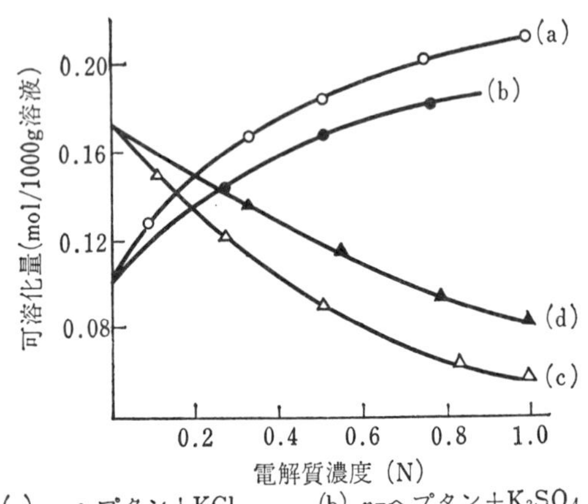

(a) n-ヘプタン＋KCl　(b) n-ヘプタン＋K_2SO_4
(c) n-ヘプタノール＋KCl　(d) n-ヘプタノール＋K_2SO_4

図 3-36　電解質の添加による可溶化の影響（Klevens）

すなわち電解質の添加によって活性剤の極性基間の反発エネルギーに対してしゃへい効果を生じ，そのために反発力が減少してミセルが大きくなり，炭化水素に対する可溶化力を増大する。しかし一方反発エネルギーの減少は，ミセル杭層（くさびの隙間）の有効容積がへり，極性物質に対する可溶化力が低下することとなる。

電解質の添加の効果の程度は，被可溶化物質，可溶化剤などによってそれぞれ異るといわれている。

(c)　非電解質の添加

可溶化剤に非電解質を加えた時，可溶化量が増加する場合と逆に減少する場合がある。例えば，Turkish red oil の溶液にグリセリンやエチレングリコールを加えると，イエロー AB（染料）の可溶化量は増加するが，エタノールを加えたときは逆に可溶化量が減少する。

(d)　温 度 効 果

温度が上昇すれば c. m. c. は増大するから，ミセルの大きさが減少して可溶化力も低下するはずである。しかし表 3-4[18] に示した実測値から，温度上昇

表 3-4 界面活性剤の可溶化作用に及ぼす温度の影響

界面活性剤	可溶化量（mg/溶液 100 ml）			
	Orange OT		Orange L	
	50°C	70°C	50°C	70°C
オレイン酸ソーダ	5.9	7.8	—	—
樹脂酸ソーダ	3.8	4.7	—	—
Na-硫酸ラウリル	4.0	5.0	—	—
硫酸化脂肪酸モノグリセライドソーダ塩	3.7	4.0	0.40	0.65
Na-ドデシルベンゼンスルホネート	2.5	3.1	0.34	0.65
Na-ケリルベンゼンスルホネート	3.3	4.3	0.36	0.57
Na-イソプロピルナフタレンスルホネート	3.0	5.3	—	—
Na-ジブチルフェニルフェノールジスルホネート	1.4	2.0	—	—
アルミフェノールデカエチレングリコール	7.4	11.9	0.81	0.99
p-イソオクチルフェノールデカエチレングリコール	7.1	10.4	0.86	1.0
ポリエチレングリコール・400・モノラウレート	10.1	12.6	—	—
ポリエチレングリコール脂肪酸エステル (E)	10.4	20.8	0.59	0.87
〃 〃 (F)	—	—	0.65	0.76
ポリエチレングリコール油脂肪酸エステル	8.2	16.3	0.67	1.0
ポリオキシエチレンソルビタンモノラウレート	3.3	6.4	0.52	0.71
t-ドデシルポリエチレングリコールチオエーテル	4.8	8.8	—	—
ポリエチレングリコールチオエーテル〔6〕	5.5	11.4	0.85	1.0
オレイルポリエチレングリコールエーテル	5.0	8.5	0.54	0.84

とともに可溶化力が増大しているのが認められる。

このことは温度上昇によって熱運動が活発となり，溶質分子のぬれを促進する結果，分子の分散の度合が良くなったものと考えられる。

3・3 乳化とエマルション

A. エマルションの生成と型

水と油のように，互いに溶け合わない液体を混合して激しく振とうすると，一方の液体（分散相）が他方の液体（連続相）中に微粒子となって分散する現象を**乳化**といい，その結果生成した分散系を**エマルション**または**乳濁液**といっている。このように，エマルションは振とうやかきまぜなどの操作によって生成することができるが，操作をやめてしまうと分散した微粒子は，浮いてしまうか，沈殿してしまい，けっきょく合一してもとの二層に分離してしまう。元来エマルションは熱力学的に不安定な系で，分散によって多くの界面ができるよりも，二層に分かれている方が表面自由エネルギーが小さく安定である。したがって，第3の物質を加えて液—液界面に吸着させ，界面張力を低下させることによって微粒子分散による不安定度を減少させなければならない。このような働きをする物質を**乳化剤**という。エマルションはこの意味で，連続相，分散相，乳化剤の3つからなる系であるといえる。

エマルションには連続相と分散相の関係から，2つの型が区別されている。すなわちエマルションは水と油(または親油性の液体)の2つの液体からなる場合が多いが，水が連続相で油が分散相である場合を**水中油型エマルション**(**O**il-in-**W**ater emulsion) または **O/W 型エマルション**といい，もうひとつの型の**エマルション**はこの逆で，油の中に水が分散しているもので，**油中水型エマルション** (**W**ater-in-**O**il emulsion) または **W/O 型エマルション**という (図 3-37)。

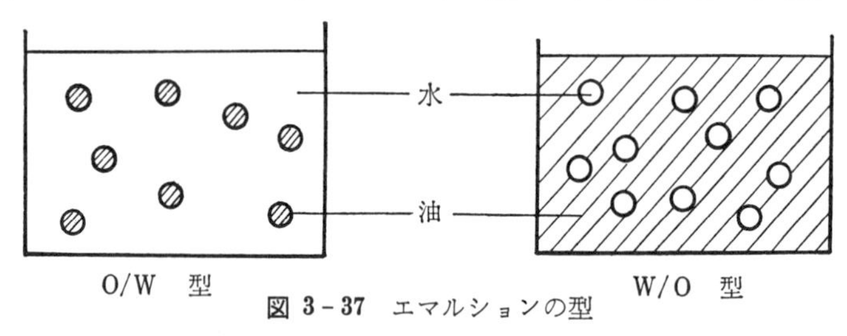

図 3-37　エマルションの型

生成するエマルションが W/O 型になるか O/W 型になるかは，主として次のような条件によってちがってくる。

（1） **両液体の体積比**

乳化剤が存在しない場合，2つの液体量をくらべて多量に存在する方が連続相（分散媒）となる。

（2） **容器の壁の性質**

2つの液体を容器に入れたときに，どちらの液体が器壁をぬらしやすいかによって決まるもので，水がぬらしやすければ O/W 型，油によってぬれやすければ W/O 型になりやすい。

（3） **乳化剤の種類**

バンクロフト (Bancroft) **の経験則**によると，一般に乳化剤がより溶解する相が連続相になりやすい。すなわち油溶性乳化剤によって W/O 型エマルションが，水溶性乳化剤によって O/W 型エマルションが生成しやすい。しかしエマルションの型を決めるのは乳化剤ばかりでなく，それを分子構造と結びつけて考えた親水基 (**H**ydrophile) と疎水基 (**L**ipophile) のバランス (**B**alance)，すなわち H. L. B. 方式も利用されている。H. L. B. の加成性を利用することによって，任意の H. L. B. 値をもって乳化剤を得ることができる (**表 3-5**) (p. 43 参照)。

表 3-5 H. L. B. 値とエマルションの型

H. L. B.	水に対する溶解性	エマルションの型
0	不　溶	W/O
2	〃	
4	〃	
6	難　溶	
8		
10	乳　状　分　散	O/W
12	半透明溶解	
14	透　明　溶　解	
16	〃	
18	〃	

これらの条件の他に，乳化時の機械的条件や温度，比重の大小によってもエマルションの型は左右されることが知られている。

B. エマルションの型の判別法

エマルションの判別方法としては次の方法が一般的である。

(1) 希　釈　法

エマルションは分散媒（連続相）と同じ性質の溶剤で希釈することができる。このことを利用して判定する方法で，O/W 型のものは水に，W/O 型のものは油に比較的容易に分散する。例えば，エマルションの一滴を水中に落した場合に，それが全体に広がってゆくときは O/W 型で，広がらない場合は W/O 型である。

(2) 染料の溶解性による方法

水溶性で油に溶けないメチルオレンジのような色素をエマルション中に入れると，そのエマルションが O/W 型ならばメチルオレンジは溶けるが，W/O 型の場合には溶けない。このように連続相に染料が溶けるか否かによって型を決定する方法である。

(3) 電気伝導度法

水と油では電気伝導度が著しくちがうから，O/W 型と W/O 型エマルションでも電気伝導度はちがってくる。エマルション中に電極をそう入して回路をつくり，これに電源を入れた時にランプの点灯する場合を O/W 型，点灯しない場合を W/O 型として判定している。

C. エマルションの主な性質

(1) 分散粒子の大きさと分布

いろいろな生成条件のもとで調製されたエマルション粒子の大きさは，一定の大きさの粒子のみが生成されることはなく，一般にその大きさはふぞろいであり，また時間とともにその粒径分布が変化してゆくのが普通である。

初期に生成されたエマシルョン粒子の中で，ブラウン運動の影響を強く受けやすい小さい粒子は，凝集や合一によって少くなり，また大きいものは**クリーミング**や沈殿によって分離しやすい。図 3-38[19]は不安定なエマルションの調製初期から，時間経過による粒径の分布変化を示したものである。一般的に安定なエマルションは図 3-39[19]のように 2 μm 前後のものが多く，その分布は**ガウス分布**となる。

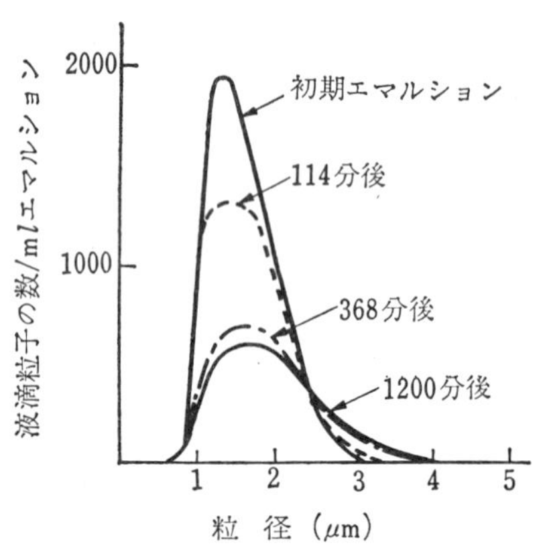

図 3-38　不安定なエマルションの時間経過に伴う液滴粒子分布の変化
(Laurence ら)

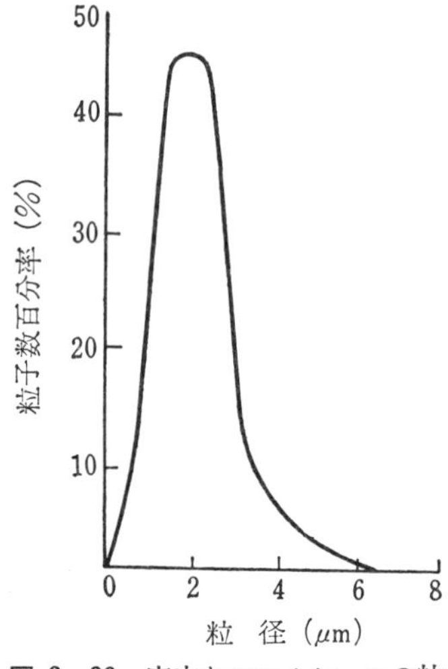

図 3-39　安定なエマルションの粒子径分布

(2) エマルションの色

普通エマルションは乳白色（例えば牛乳）をしていると考えられているが，エマルションの色は分散している粒子の大きさと，連続相（分散媒）と分散相

(エマルション粒子) との屈折率の差によって決まってくる。もしエマルション中に染料や顔料のような色素が入っておらず，両相の屈折率の差がゼロならば，分散粒子径のいかんにかかわらず透明に見える。屈折率の差がゼロでない場合には，**表 3-6**[20] に示すように粒径の大きさによって外観がちがってくる。また Kruyt らによれば，粒子径分布が同一で濃度が低い場合には，エマルションにも Lambert-Beer の法則 (式 (2-8) 参照) が適用されることが知られている。

表 3-6 エマルションの粒子径と外観

粒子径	外観
>1 μm	ミルク状の白色エマルション
0.1 ～1 μm	青みがかった白色エマルション
0.05～0.1 μm	灰色の半透明エマルション
0.05 μm<	透明エマルション

(3) 粘性

エマルションの粘性は物質の物性，特にそのレオロジー的性質に大きな影響を与える。エマルションのレオロジーに及ぼす因子には次のような事柄が考えられるが，それらの因子は1つで影響を与えるのではなく，むしろ2つまたはそれ以上の因子が同時に作用していると考えるのが適切である。

(a) 分散媒の粘度

分散媒 (連続相) と分散相と比べれば，分散媒の方が当然量的には多いが，その体積比が極端にちがう場合には，エマルションの粘度は分散媒の粘度に支配されてしまう。

(b) 分散相の濃度

“コロイド液の流動” (p. 12) のところで述べたように，液体の粘性は分散している粒子によって，液体のみの場合よりも余分な抵抗が加わってくるために粘度は増加する。希薄なエマルションの場合にもその粘性においはアインシュタインの式 (式 (2-5)) が適用される。

粘性に関するニュートン (Newton) **の法則**によると，粘度 η とズリ応力 τ，ズリ速度 D の間に次の式が成り立つ。

$$\tau = \eta \cdot D \tag{3-7}$$

ズリ応力を横軸に，ズリ速度を縦軸にとって式 (3-7) をグラフにすると，**図 3-40** のようなこう配 η の原点を通る直線となる (ii)。水やアルコールのようなものはズリ応力とズリ速度の関係が比例するので，このような流体を**ニュー**

トン流体と呼び，その流動を**ニュートン流動**といっている。

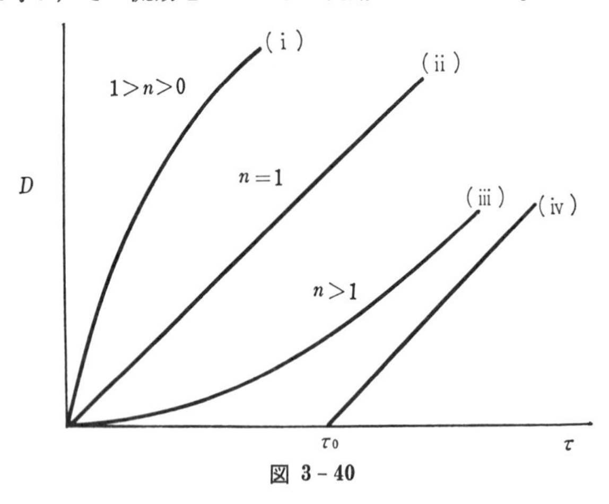

図 3-40

しかしエマルションの濃度が高くなると式 (3-7) は適用できず，複雑な流れ方をする。ニュートン流動以外の流動を**非ニュートン流動**といって区別しており，実験的には次の式が与えられている。

$$\tau^n = \eta \cdot D \qquad (3-8)$$

$n=1$ では式 (3-7) のニュートン流動に相当し (ii)，$n>1$ の時は**擬塑性流動** (iii) といい非常に広い範囲の物質系にみられる (例えば練ハミガキ，化粧クリームなど)。$1>n>0$ の場合 (i) は**ダイラタンシー** (dilatancy) と呼ばれている。ダイラタンシーとは例えば，海岸の波打ち際を歩くと，いままでぬれていた砂浜が足跡のところだけあたかも乾いたように見える。普通の状態では砂粒は重力によって，**図 3-41** の (I) のように最密につまっている。これに外力が加わると，最密充てん状態 (I) がこわれて，最疎充てん状態にかわる (II)。

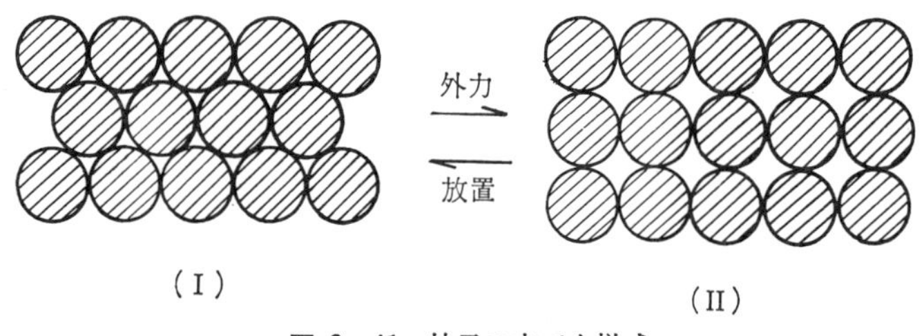

図 3-41 粒子の充てん様式

この状態ではみかけ上の体積が増加し，同時に砂粒子間のすき間も増加するので，そのすき間に周囲の水がすい込まれて，あたかも乾いた様相を呈して流動しにくくなる。外力を取り去れば，振動や重力によって再び（I）の状態にもどる。カタクリ粉の水溶液についても同様の現象がみられる。(iv) は原点を通らない直線で，ズリ応力がある程度の大きさにならないとズリ速度が現われない。これは内部の構造が強固なためで，ズリ応力が τ_0 より小さい時はその構造がこわれないことを示している。ズリ応力が τ_0 以上になるとはじめて構造が破壊されて流動が生ずる。この時のズリ応力 τ_0 を**降伏値**と呼び，この型の流動を**ビンガム流動** (Bingham) という。サスペンションの流動にはこの他に**チキソトロピー** (thixotropy) といわれる流動がある。例えば，静置してあるトマトケチヤップのビンを逆さにしても，トマトケチヤップは出てこない。しかし，このビンを振ってから逆さにすると簡単に流出する。これは静置されていた時は**ゲル状態**（ゆるい凝集体）であったものが，物理的な振動やかきまぜによって**ゾル状態**（凝集体の構造がこわれたもの）に変って流動性が生じたためである。ゾル状態を放置すれば，またもとのゲル状態もどる。このように物理的な操作のみでゲルとゾルの可逆的な変換を行なう現象をチキソトロピーといい，この特質を有する物質を**チキソトロープ**と呼んでいる。図 3-42 はチクソトロープを回転粘度計にかけて，そのズリ応力とズリ速度の関係を示したものである。ズリ応力を少しずつ増大させて一定の大きさにまであげた後，除々にズリ応力を減少してゆくと，図 3-42 からわかるように，ゆき（ズリ応力を増大）とかえり（ズリ応力を減少）の曲線が一致していない。この現象をチキソトロープの**粘性ヒステレシス**という。これはズリ応力を増加することによってズリ速度が大きくなり，このために内部構造の破壊が大きくなって見かけ上の粘度が減少する。ズリ応力を減少していっても，すでに内部構造が破壊されているために，

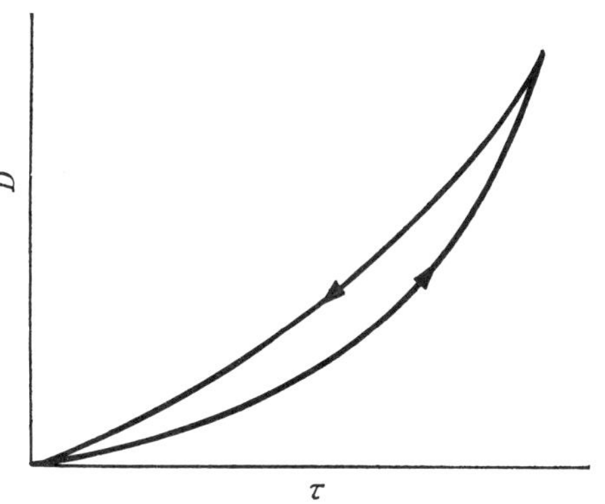

図 3-42 チキソトロピーのヒステレシス曲線

ズリ速度の変化はなく見かけ上の粘性もかわらない。粘性ヒステレシス曲線によって囲まれる三日月形の面積が大きいほど，構造の破壊が大きいことを示し，チキソトロピーの強さを知る目安とすることができる。

（c） 粒径分布の影響

一般的に分散粒子が小さくなれば，表面積が増大するために粒子どうしの相互作用は大きくなり粘性は高くなる。**リチャードソン**（Richardson）は分散媒と分散相の体積比を一定にした場合の粒度分布と粘度の関係を調べた（**図 3-43**[21)]）。これによると図中の A や B のように分散粒子径が小さく，しかも均一化している場合には粘度が高くなっている。これと対照的に D のように，粒径分布の範囲が広い場合には，すなわちよくホモジナイズされていないで，いろいろの大きさの粒子が混っている状態では粘度は小さくなっているのが認められる。

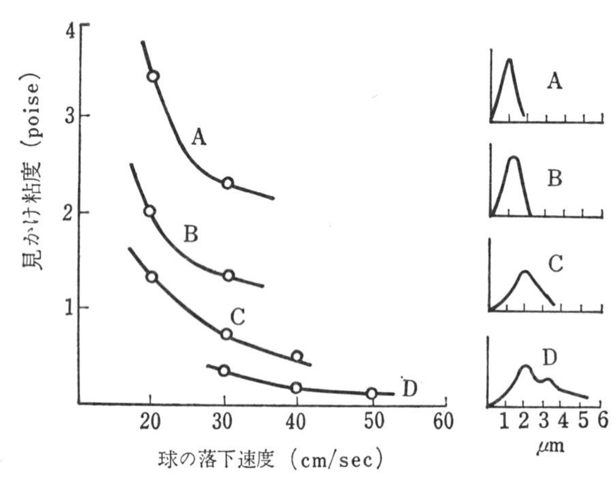

図 3-43　O/W 型エマルションの粒度分布と粘度

（d） 乳化剤の種類・濃度

エマルションの調製時に使用する乳化剤（界面活性剤の中の乳化作用をするもの）の種類および濃度によって，エマルションの粘性が変わってくることが知られている。乳化剤の種類については一般にアルキル基の長いもの，すなわち炭素数の多いものほど生成されたエマルションの粘度は高くなる。また濃度の影響について**フイッシャー**(Fisher)[22)]らによると，流動パラフィンを含む O/W 型エマルションにおいて，オレイン酸ソーダの濃度を低濃度から徐々に高めてゆくと，その流動性はニュートン流動（**図 3-44** の右図）からずれてチキソトロピー的流動（左図）に変わってゆくのがわかる。

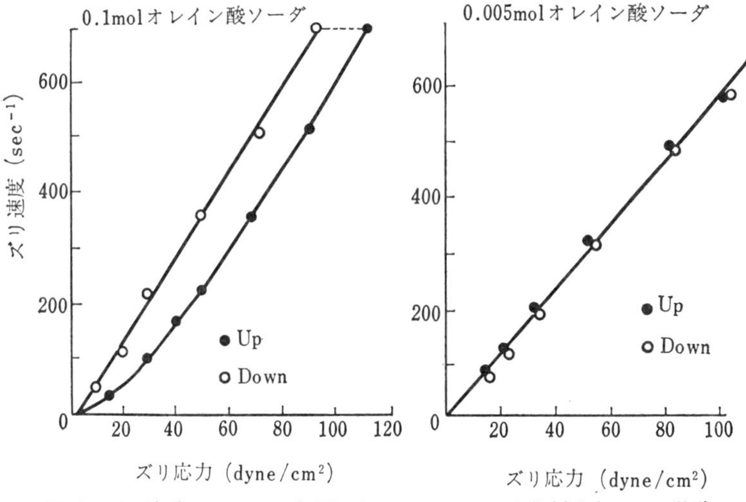

図 3-44　流動パラフィン O/W 型エマルションの乳化剤濃度による挙動

D.　エマルションの安定性と破壊

マヨネーズやドレッシングは長時間使用しないと，二層に分離してくることがある。エマルションの中には多数の分散粒子が存在するから，それらの界面の面積は非常に大きいものになっている。その状態における自由エネルギーは著しく大きくなっており不安定である。したがって自由エネルギーの低い，分散以前の状態にもどろうとする。この現象を**エマルションの破壊**または**解消**といい，エマルションの安定性にとっては不都合な現象である。

エマルションが何らかの原因で不安定化してゆく過程は，普通クリーミング→凝集→合一，または凝集→クリーミング→合一という 3 つの段階に分けて考えることができる。**図 3-45** は O/W 型エマルションの場合について，その破壊過程をモデル的に示したものである。

普通エマルション粒子の密度が分散媒のそれよりも小さい場合が多く，そのためにエマルション粒子は浮上してゆく。この現象を**クリーミング**と呼んでいる。クリーミングは先に述べた沈降現象（p. 9）と基本的に同じことで，ストークスの式（2-2）であらわすことができる。

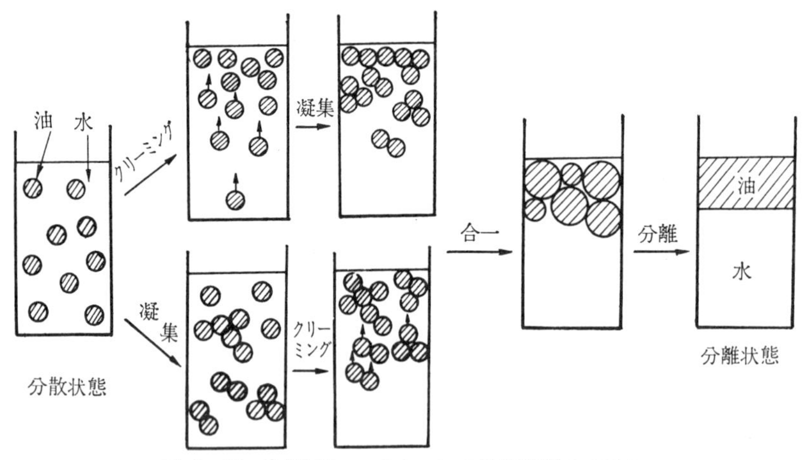

図 3-45　O/W 型エマルションの破壊過程のモデル

この式からエマルション粒子の大きさ r が，一番強くクリーミング速度に影響を与えていることがわかる。また分散媒とエマルションの密度差（$\rho-\rho_0$）が負となるために，その速度は負となる。これは沈降の場合とは反対の方向に粒子が移動することで，すなわち粒子は浮上してゆくことを意味している。したがってクリーミングを防ぐためには，エマルション粒子をできるだけ小さく，密度差（$\rho-\rho_0$）を少く，さらに分散媒の粘度を大きくする必要がある。

また凝集を防ぐには粒子どうしを直接に接触させないようにすることで，そのためには先に述べた電気二重層効果（p. 17 参照），粒子表面の吸着層の形成や**水和現象**（p. 25 参照）は効果的である。

合一現象はエマルション破壊の最終段階で，粒子表面に吸着されていた活性剤や高分子が，粒子面のズリ応力などのために脱離したり，おしのけられてし

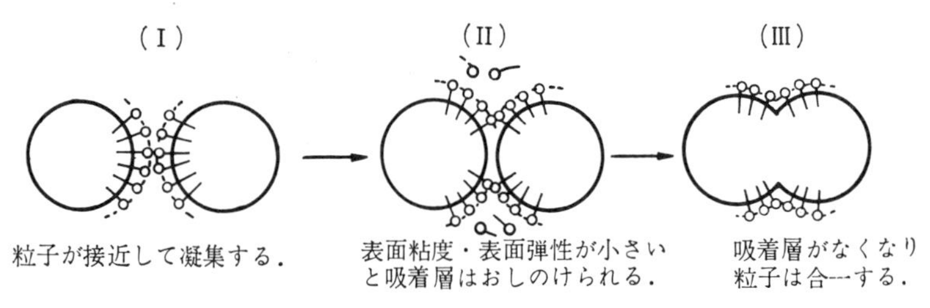

図 3-46　エマルション粒子の合一のモデル

まい，粒子どうしがじかに接触してしまうことによる。**図 3-46** は合一の過程の様子のモデルを示したものである。合一を防ぐためには，吸着性の強い層を粒子表面に作ることで，そのためには水と油の両方に大きな親和性をもった乳化剤を使うことが必要である。さらに生成した吸着層は**表面粘性**，**表面弾性**が大きいことも同時に重要である。

E. 転相と転相温度（PIT）

さきに述べたように，エマルションの型はその調製時のいろいろな条件によって O/W 型にも W/O 型にもなる。したがってこれらの因子が変化すると，水と油が分離することなくエマルションの型が O/W 型から W/O 型へ，または W/O 型から O/W 型へ変化することがある。この現象を**転相**といい，水と油の体積の差が少く，また使用されている乳化剤の HLB 値があまり大きくも小さくもない場合に起りやすい。例えば**図 3-47** のように，セチル硫酸ナトリウムとコレステロールで安定化された O/W 型エマルションへ，カルシウム

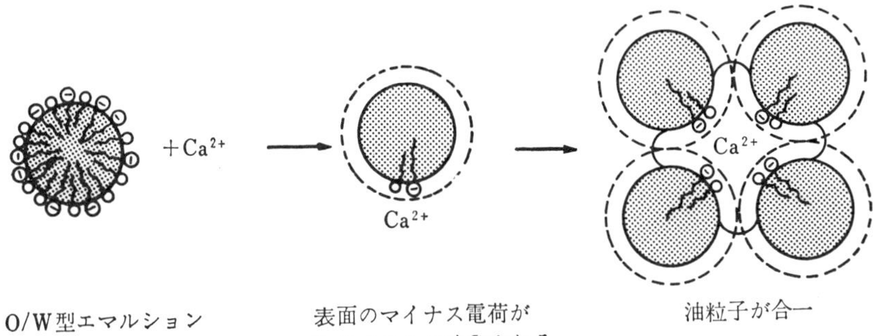

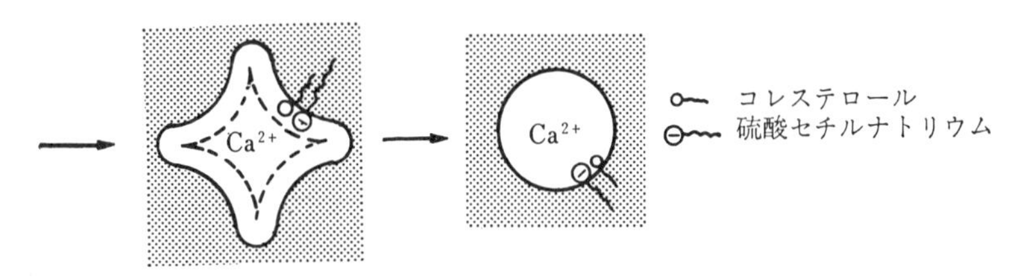

図 3-47 カチオンによる転相機構モデル（Schlman & Cookbain）

イオンなどのような塩溶液を加えてゆくと転相が起る。

また非イオン活性剤の場合，その親水基（大部分は親水基として酸化エチレン基をもつ）と水分子間の相互作用は，温度によって強い影響をうける（図3-27参照）。非イオン活性剤で安定しているO/W型エマルションの温度を少しずつあげてゆくと，親水基と水分子をつないでいる水素結合が切れてゆき，非イオン活性剤の水溶性が低下し水相から析出し始める（曇点p. 51参照）。さらに温度をあげて曇点をすぎると，こんどは疎水基の影響が強くなりはじめて油溶性となる。したがって曇点より低い温度ではO/W型エマルションが，それより高い温度ではW/O型エマルションが生成されるといえる。このように転相が起きるときの温度を**篠田**は**転相温度**(**P**hase **I**nversion **T**emperature)と名づけ，普通**PIT**と略称している。PITは活性剤の親水基と疎水基がちょうどつり合う温度である。

ところで“親水基と疎水基のつり合い”といえば，先にのべたHLB値がある。HLB値を算出する式(3-5)の中には，温度や油の種類などに対する考慮がなされていなかった。しかし実際には非イオン活性剤を乳化剤として利用する際に，エマルションの型やその安定性は温度や油の種類の外にも，活性剤の種類，水と油の体積比などの影響を受けることが知られている。PIT法はこうしたHLB法の不十分さを補ったものといえる。

PIT値に影響を与える因子のうち，濃度と塩類の添加効果の例を**図3-48**[23]および**図3-49**[23]に示した。図3-48はヘキサデカン(1)—水(1)の系中に，

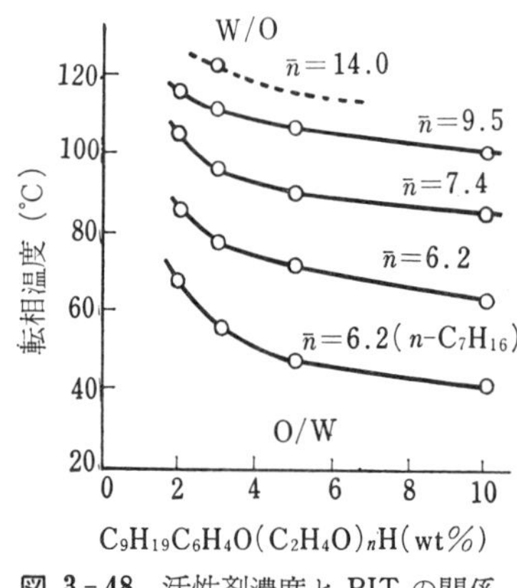

図3-48　活性剤濃度とPITの関係

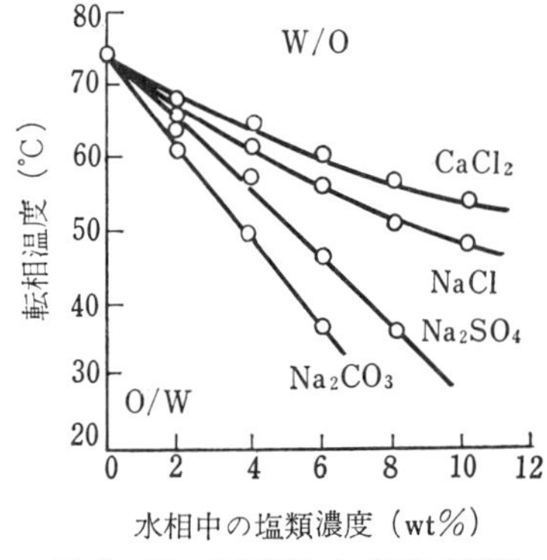

図3-49　塩類添加とPITの関係

各種の親水基の数の異る非イオン活性剤（ポリオキシエチレンノニルフェニルエーテル）を加えた時の濃度および親水基数と PIT との関係を示したものである。*n* は親水基の数である。この結果から濃度の影響の大きいことがわかる。また**図 3-49** はシクロヘキサンポリオキシエチレンノニルフェニルエーテル水系へ，各種の塩を添加した際の PIT 変化をみたものである。塩の価数により差異はあるが，一様に塩の濃度増加とともに PIT 値が低下してゆくのがみとめられる。

またHLBとPITとの関係はどうであろうか。これまでのいろいろな事実から，HLBとPITの間には相関関係があることが予想されるが，じじつ**図 3-50**[24]に示されるように，明らかに油の種類によって両者の関係に差のあることがわかる。もし油の種類や活性剤濃度，水と油の体積比を同じにすれば，各々の条件の測定値はだいたい1本の曲線の上にのってくる。

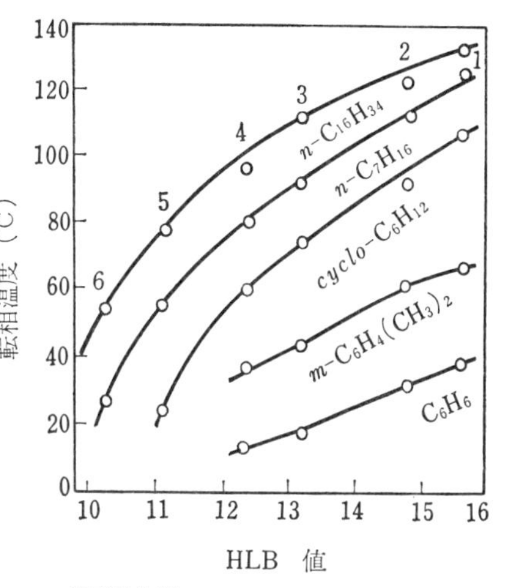

界面活性剤
1 : $C_9H_{19}C_6H_4O(CH_2CH_2O)_{17.7}H$
2 : $C_9H_{19}C_6H_4O(CH_2CH_2O)_{14.0}H$
3 : $C_9H_{19}C_6H_4O(CH_2CH_2O)_{9.6}H$
4 : $C_9H_{19}C_6H_4O(CH_2CH_2O)_{7.4}H$
5 : $C_9H_{19}C_6H_4O(CH_2CH_2O)_{6.2}H$
6 : $C_9H_{19}C_6H_4O(CH_2CH_2O)_{5.3}H$

図 3-50　転相温度と HLB の関係

E.　その他のエマルション

(1)　ラテックス

天然ゴムの木の樹皮をきずつけると，生ゴムの原料となる乳液が出てくる。この乳液を**ラテックス** (latex) という。しかし現在では，いろいろな重合法によって調製された合成高分子の微粒子のサスペンションをも含めた広い意味で呼ばれている。合成されたラテックスの特徴は，その大きさと形が非常によくそろっており，また粒子表面の性質がはっきりしているという点である。そのためにラテックスを試料モデルとして，いろいろな分野（例えばコロイド科学，高分子化学，光学，生化学など）で利用されている。最近では，合成時の条件を変えることによって，ラテックス粒子表面に各々ちがった性質を与えることができる。例えば，粒子表面の電荷密度を変えたり，強酸型や弱酸型の解離基の導入，さらに正電荷と負電荷を同時にもった両性ラテックスも合成されている。

一般にラテックスの合成は，界面活性剤を利用した**乳化重合法**で合成される。この際に使用される乳化剤の量や種類によって，生成されるラテックス粒子の大きさや，安定性はちがってくる。

乳化重合法における界面活性剤の役割は，**モノマー**（単量体）（油状）が重合する場所をつくることと，生成したラテックスの安定性に寄与することである。

重合時の活性剤の濃度は c. m. c. 以上なので，当然ミセルが存在している。したがって添加されたモノマーは，① 活性剤のミセル中に可溶化されているもの，② 活性剤で安定化したエマルション滴となっているもの，③ 分子状で溶液中に溶解しているものに分けられる。

重合開始剤が添加されると，重合はミセルの中で始まる。重合が進行するにつれてミセル中のモノマーは**ポリマー**（高分子）に変ってゆく。ミセル中のモノマーが不足すると，これを補うためにエマルション滴から水相を通ってミセル中に補充されてゆく。ミセルは生成されたポリマーのためにふくらみ，活性剤の不足をきたすが，これもエマルションの吸着層から補充される。したがってエマルション滴は，モノマーと活性剤の貯蔵庫の役割をしているといえる。さらに重合が進行してポリマー核が球状微粒子に成長してゆき，エマルションからのポリマーの補充がなくなると，すなわちエマルション滴がなくなると重合反応は終る。

（2） 複合エマルション（多相エマルション）

さきにのべたようにエマルションには O/W 型と W/O 型の 2 つのタイプがあった。いま O/W 型または W/O 型エマルション全体をひとつの水相または油相とみたてて，これを疎水性の活性剤または親水性の活性剤で乳化すると，おのおの油，水が分散媒となり，O/W/O 型，W/O/W 型のエマルションが生成される。これらを**複合エマルション**または**多相エマルション**と呼んでいる。

この型のエマルションの生成法は，特別の操作や機器を必要とせず，普通の界面活性剤を用いて容易に，しかも多量に生成することができるが，その安定性に問題があるようである。**図 3-51** は複合（多相）エマルションの 2 つのタイプのモデル例を示したものである。

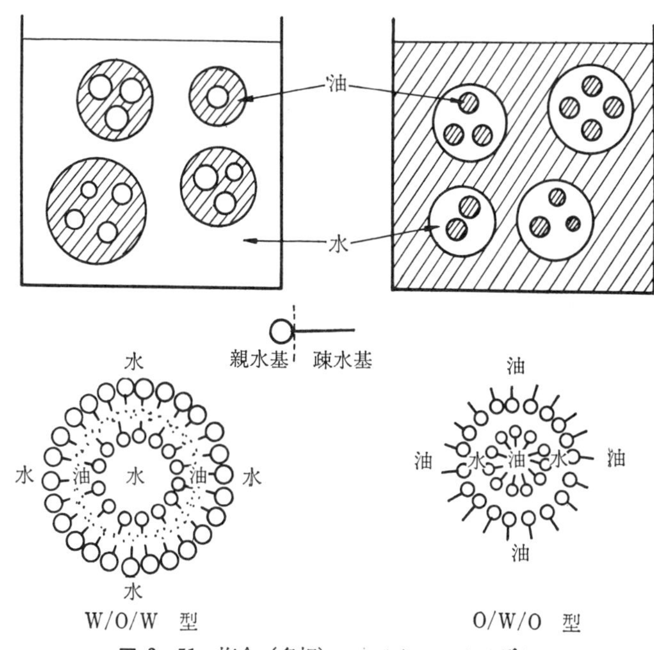

図 3-51 複合（多相）エマルションのモデル

（3） マイクロエマルション

普通エマルションは乳白色をしているが，分散粒子が非常に小さくなると（約 10～200 nm ぐらい），透明ないしは半透明となる。このばあい分散している微粒子は，その構造や大きさから水または油でふくらんだ界面活性剤ミセル溶液とも考えられている。このようなエマルションを**シュルマン** (Schulman) らは**マイクロエマルション** (microemulsion) と呼んだ。通常の粒子の大きいエマルションはマイクロエマルションに対して，**マクロエマルション** (macroemulsion) といい区別している。

マイクロエマルションは全く新しいものではなく，それ以前からも機械の切削油などに利用されていたものであるが，Schulman らの研究によって新たな研究分野となってきている。

マイクロエマルションの生成は，油と界面活性剤の組合せが適していれば，マクロエマルションよりもむしろ容易に調製することができ，しかも安定である。マクロエマルションのように沈降やクリーミングが見られないのは，分散粒子がきわめて小さいために，ブラウン運動がよりはげしくなっているためである。

マクロエマルションと同様にマイクロエマルションにも W/O 型と O/W 型の 2 つの型があるが，1 つの相をさらに添加することによって，他の型に可逆的に変えることができる。例えば水〜シクロヘキサン〜非イオン界面活性剤からなる系に，界面活性剤濃度を一定にしておき，水〜シクロヘキサンの重量比を変えてゆくと**図 3-52**[25)]のように O/W 型から W/O 型へ，また逆に W/O 型から O/W 型に連続的に変えることができる。

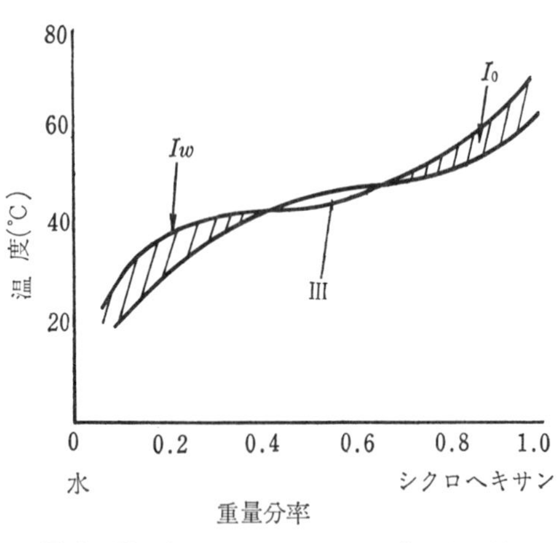

図 3-52　水〜シクロヘキサン〜非イオン界面活性剤系の相平衡

O/W 型マイクロエマルション中には油で膨潤したミセルが，また W/O 型では水で膨潤したミセルが分散している。Ⅲ の中間領域は水とシクロヘキサンと界面活性剤の三相が共存している領域である。

（4） 液　　晶

一般に結晶を加熱してゆくとき，その物質の融点に達すれば結晶は固体から透明な液体へと溶解するが，物質によっては直接に固体から液体とならず，途中で濁った粘性のある液体に転移し，さらに温度を上げて融点に達すると透明な液体となる。結晶が濁り始めたときの温度を**転移点**といい，転移点と融点の間の固体と液体の中間状態を**液晶**と呼んでいる。分子中にベンゼン骨格や二重結合のような屈曲性に乏しい構造をもっている物質，例えばエチルパラアゾキシベンゾエートやパラアゾキシアニソールなどは液晶状態となる。

温度変化によって現われる液晶を**サーモトロピック** (thermotropic) **液晶**といい，分子の配列によって3つの型が知られている。**図 3-53** は結晶を加熱していった時の，固体→液晶→液体へ変化してゆく際の分子の配列の状態を示したものである。図中（Ⅰ）は結晶状態であり，分子の配列は規則性がある。この状態（Ⅰ）から温度を上げてゆくと，分子の長軸を一定の方向にして部分的に密着した板状となり，濁った粘性液体となる（Ⅱ)。この状態を**スメクチック** (smectic) という。さらに温度を上げると分子の方向は同じであるが，お互いの位置関係が不規則となり，粘性の低い流動性に富む状態に変わる。この状態を**ネマチック** (nematic) と呼んでいる。この他に**コレステリック** (cholesteric) **液晶**といわれる濁った流動性の液状で，板状分子がねじれた配列をして，これがラセン状に重なっている。この液晶はうすくするか，毛細管中に入れると様々な美しい色を呈する。すべての液晶物質が**図 3-53** に示したような段階をとるとは限らず，結晶状態からネマチック，またはスメクチックから透明液体へと転移する場合もある。

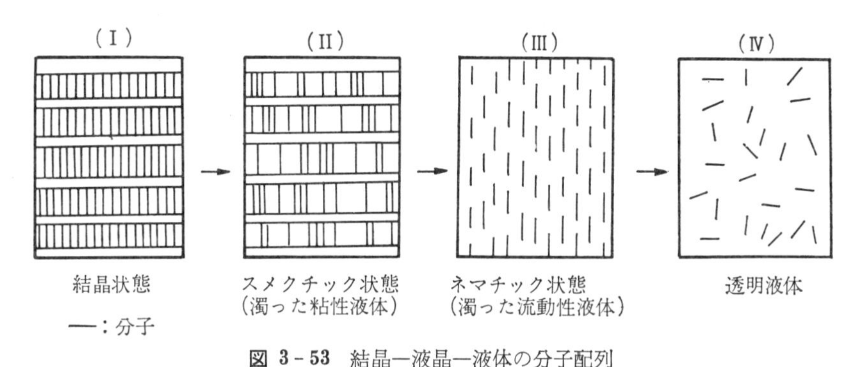

図 3-53 結晶—液晶—液体の分子配列

液晶に電圧をかけると色が変わったり，濁ったりするために，その特性を利用して温度計などの数々の表示装置などに利用されている。

3・4 吸　着

液体や固体の表面にある原子や分子は内部にあるものと異り，原子価力や分子間力が不飽和の状態にあるために，まわりに存在する気体とか溶質などの原子や分子を，強く引きつける性質をもっている。この現象を**吸着**という。吸着するものを**吸着媒**，吸着されるものを**吸着質**という。

吸着によって界面の性質は変わってしまうので，界面現象の中でもきわめて重要なものといえる。

A. 固体—気体間の吸着

（1） ラングミュアー吸着

固体の表面は液体の表面にくらべてはるかに凸凹であり，かつ複雑である。例えばシリカゲルのような物質は多孔性であり，それも分子的な大きさの孔から，可視的なものまで存在するので，厳密な表面積の決定が困難である。

いま試験管に水銀を満たし，これを水銀槽の中に倒立させる。次に水銀の入っている試験管中に，アンモニアガスを少量入れておく。そして加熱した木炭の小片を下から入れてやると，木炭は水銀中を上昇して水銀面上に浮かび，前もって入れておいたアンモニアガスに接するやいなや，水銀面は上昇し始める。これはアンモニアガスが木炭によって吸着されたためと考えられる（**図 3-54**）。

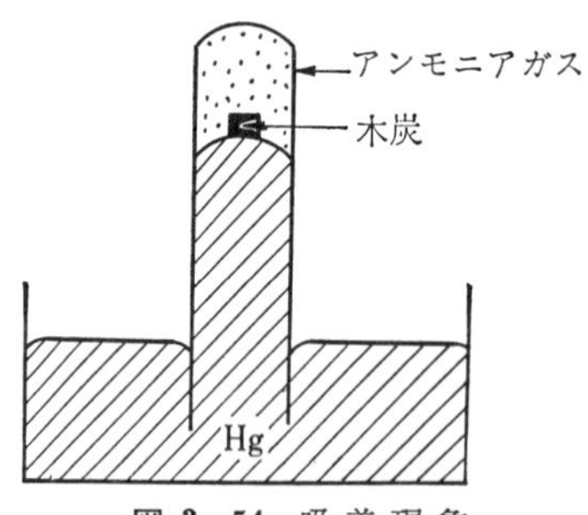

図 3-54 吸着現象

いま一定温度において，多孔性固体の表面に吸着する気体の吸着量を V (ml/g 吸着媒)，そのときの平衡圧を P (mmHg/atm)，飽和吸着量を V_m (ml/g 吸着媒）とすると，次のような吸着等温式がなりたつ。この式を**ラングミュアー (Langmuir) の吸着式**という。

$$V = \frac{V_m KP}{1+KP} \tag{3-9}$$

ここで K は吸着媒と吸着質の結合の強さを示す定数で，V_m と同様に固体と気体の種類，温度によってきまってくる。

図 3-55[26]は木炭へのアンモニアガスの吸着の例を示したもので，吸着量が温度によって強い影響を受けることがわかる。また式（3-9）を変形して

$$\frac{1}{V} = \frac{1}{V_m} + \frac{1}{V_m K P} \qquad (3-10)$$

とすると式（3-10）は $1/V$ を y 軸，$1/P$ を x 軸とする直線であらわされ，直線のこう配と切片から K と V_m が求められる。**図 3-56** はシリカゲルに対する酸素と一酸化炭素の吸着をこの方法で示したものである。

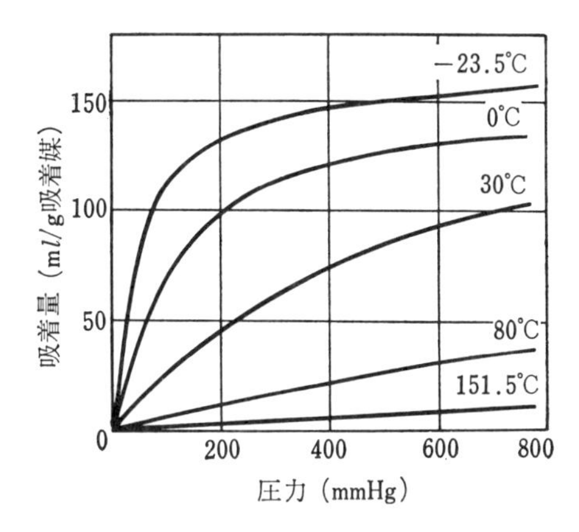

図 3-55　木炭へのアンモニアガスの吸着

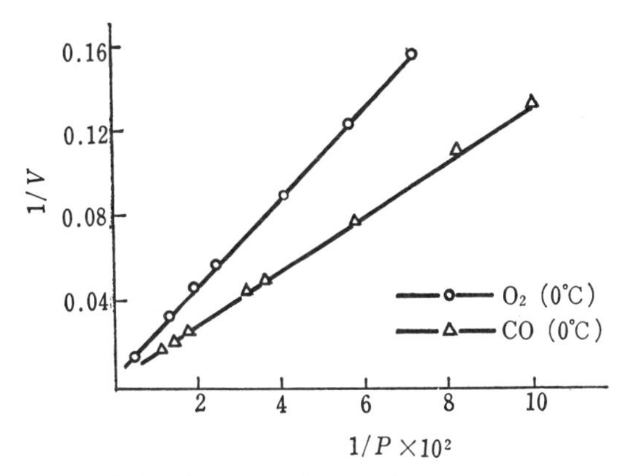

図 3-56　シリカゲルに吸着する O_2, CO

気体が固体表面に吸着される場所を**吸着サイト**といい，均一に分散していると仮定される。吸着が起きるとその場所のエネルギーは低下し，低下したエネルギーは吸着熱として放出される。サイトに吸着した吸着質分子は，他の吸着質分子が近くのサイトに吸着する際にじゃまをする（吸着分子間の相互作用）ことはなく，さらに1つのサイトには吸着分子1個しか吸着することはできないという前提の上にたっている。したがって Langmuir の吸着では，吸着媒が吸着質によって一様に占められてしまえば（**図 3-57**），いくら圧力を加えてもそれ以上の吸着は起らない。このような吸着を**単分子層吸着**と呼んでいる。活性炭上への N_2, CO_2, CO, O_2 などの吸着現象はこの型に属する。

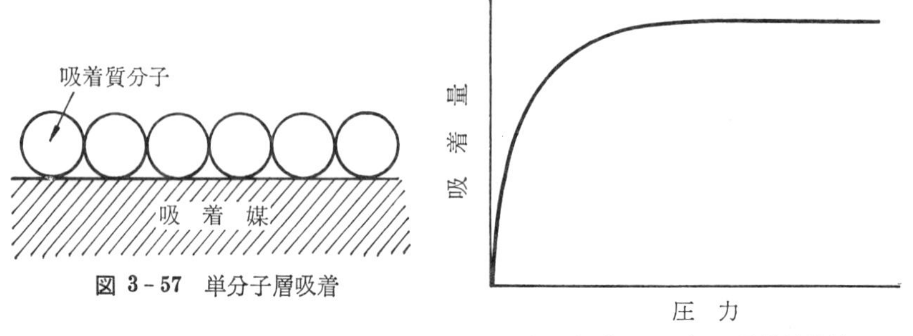

図 3-57　単分子層吸着

図 3-58　Langmuir の吸着等温線

図 3-58 は Langmuir の吸着を一般的なかたちでグラフに示したものである。

（2） BET 吸着

ブルナウアー (Brunauer)，**エメット** (Emett) および**テラー** (Teller) の3人によって導き出された理論式で，Langmuir の単分子層吸着を拡張した等温吸着である。吸着質がその飽和蒸気圧の数十分の一程度の圧力で固体表面に吸着されるようになると，吸着層はもはや単分子層吸着だけでなく，さらにその上に重なって吸着してゆく**多分子層吸着**を起すようになる。このような吸着をさきの3人の研究者の頭文字から **BET 吸着**と呼んでいる。

いま吸着質の飽和蒸気圧を P_0，吸着平衡における圧力を P，そのときの吸着量を V，吸着媒が完全に吸着質の単分子層でおおわれるときの吸着量を V_m とすると，BET 吸着式は次のように表わされる。

$$V = \frac{V_m KP}{(P_0 - P)\{1 + (K-1)P/P_0\}} \qquad (3\text{-}11)$$

もし $P_0 \gg P$ ならば（P が P_0 に比べて非常に小さいとすると）1に対して P/P_0 が無視できるから，式（3-11）は Langmuir の式と同じになる。ここで K は Langmuir 式中の K と同じ意味の定数である。

BET 吸着は Langmuir 吸着の前提に加えて，第2層からの吸着は次のような仮定にもとづいている。

① 第2層以上の吸着では，発生する吸着熱は吸着質の液化熱に等しい。

② 吸着圧 P がその温度の飽和蒸気圧 P_0 に近ずくと，吸着量は無限大となる。

③ 各層に吸着された分子間には相互作用はない。

低温における非多孔性固体への吸着は，この型に属するものが多く，その吸着力は気体分子間の van der Waals 力によっている。また BET 吸着は必ず単分子層吸着の完成の後に形成される。

図3-59[27] と**図3-60** はシリカゲルへの各種の気体の吸着状態を示したものである。Langmuir 式（3-9）を変形して式（3-10）に書きかえたように，式（3-11）を変形すると

$$\frac{P}{V(P_0-P)} = \frac{1}{V_m K} + \frac{K-1}{V_m K} \cdot \frac{P}{P_0} \tag{3-12}$$

この式から P/P_0 を x 軸に，$P/V(P_0-P)$ を y 軸として図 3-59[27] のデー

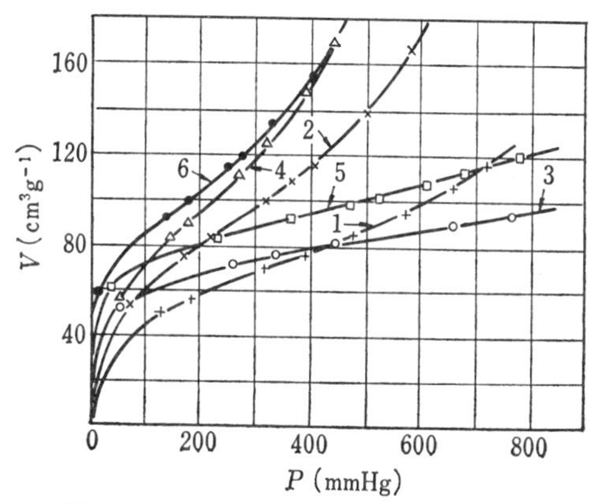

1. CO_2 (−78℃), 2. Ar (−183℃), 3. N_2 (−183℃)
4. O_2 (−183℃), 5. CO (−183℃), 6. N_2 (−196℃)

図 3-59　シリカゲル上の各種気体の吸着

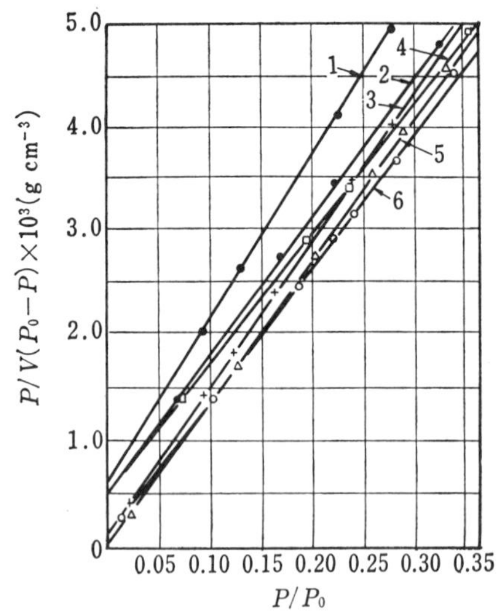

図 3-60　シリカゲル上の各種気体の吸着に対する BET プロット（図 3-59 のデータ）

タをプロットしてゆくと図 3-60[27)] が得られる。得られた直線のこう配と切片から V_m と K が求められる。

また**図 3-61** および**図 3-62** は一般的な BET 吸着等温線と多分子層吸着をモデル的に表わしたものである。

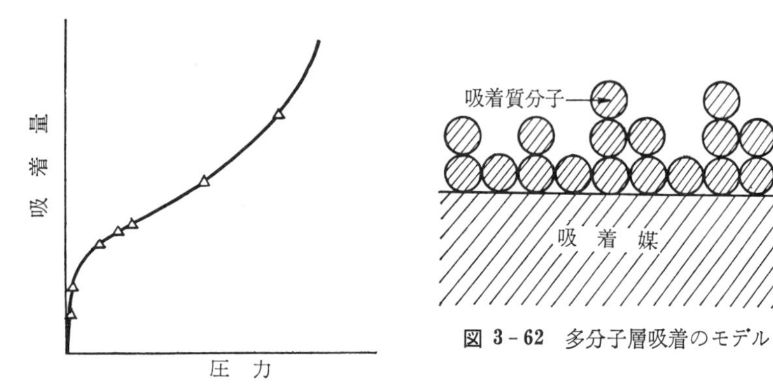

図 3-61　BET 吸着等温線

図 3-62　多分子層吸着のモデル

B. 液体―気体間の吸着 ―Gibbs 吸着―

一般に純溶媒と純溶媒に溶質を加えた溶液とでは，その表面張力に大きな相違があることは表面張力の項ですでに述べた。いま食塩水，エタノール水溶液，ドデシル硫酸ナトリウムの水溶液の濃度と表面張力の関係を示すと，**図 3-63, 図 3-64** のような結果が得られる。食塩水溶液の場合には濃度の増加とともに表面張力も増大してゆく。無機電解質は一般にこのような挙動を示すが，**図 3-64** のエタノールやドデシル硫酸ナトリウムは，濃度の増加とともに張力の減少がみられる。特に (ii) はきわめてうすい濃度で表面張力を著しく低下に表面させている。これが界面活性剤にあたることはすでに述べた。

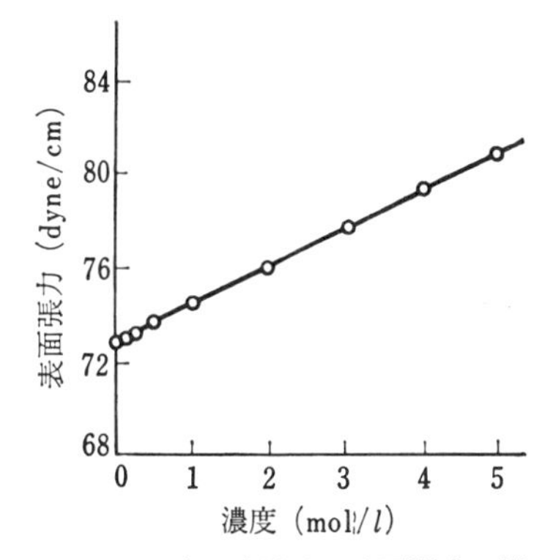

図 3-63 食塩水溶液の表面張力～濃度曲線 (20°C)

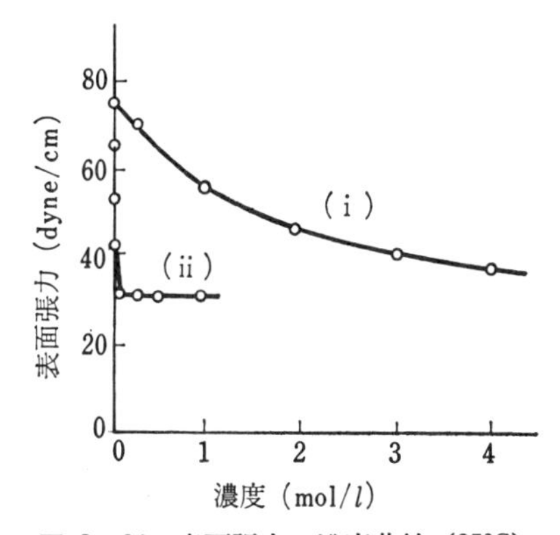

図 3-64 表面張力～濃度曲線 (25°C)
(i) エタノール水溶液
(ii) ドデシル硫酸ナトリウム水溶液

ところで液体の表面自由エネルギー (G) は表面張力 (γ) と表面積 (S) との積であらわすことができる。

$$G = \gamma \times S \tag{3-13}$$

一定の温度では，液体の表面はこの表面自由エネルギーを最小にしようとするために，表面積を一定とすれば表面張力は最小値をとることになる。純粋液体の場合には γ は一定と考えてよいから，S は減少しようとするが，溶液の場合には γ も変化するために，γ ができるだけ小さくなるように溶質物質が液体の表面（気体～液体の界面）に集ってくる。すなわち溶質が表面に吸着することになる。

ギブス (Gibbs) は溶液の濃度を変えた場合の表面張力と，表面への溶質の吸着量との関係について次の式であらわしている。

$$\Gamma = -\frac{C}{RT}\cdot\frac{d\gamma}{dC} \qquad (3-14)$$

この式は **Gibbs の吸着等温式**といい，Γ（ガンマ）は液面 1 cm² 当りの吸着量（または**表面過剰濃度**ともいう），C は溶液の濃度 (mol/l)，γ は溶液の表面張力 (dyne/cm)，T は絶対温度，R は気体定数である。

上の式で $d\gamma/dC<0$ の場合，すなわち $\Gamma>0$ のときは表面の吸着量が正ということで，とけている溶質が溶液中から表面に移動して気体〜液体界面に吸着する。この吸着によって溶液の表面張力は減少する。このことを**表面活性**または**界面活性**といい，この時の吸着を "**正の吸着**" と呼んでいる。反対に $d\gamma/dC>0$ のときは $\Gamma<0$ となり，とけている溶質は液面から遠ざかってゆき，表面よりも溶液内部の方が濃度は高くなる。この場合は**表面（界面）不活性**といい，正の吸着に対して "**負の吸着**" という（**図 3-65**)。

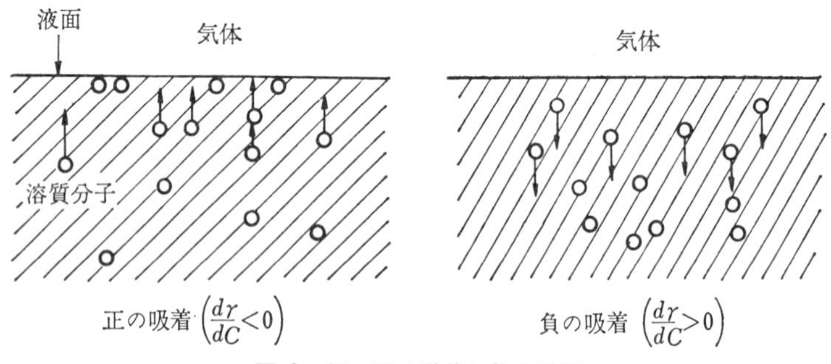

図 3-65　正の吸着と負の吸着

ところで，液体の表面では絶えず液体分子が気体中に飛び出したり，気体分子が液体中にとび込んだりしている。したがって厳密な意味で1本の線で引いたようなはっきりした液体〜気体間の界面を考えることはできない。むしろ気相から徐々に分子密度が増大してゆくと考えた方がよい。すなわち液体表面上に，気相とも液相ともいいきれない**界面相**ともいうべき領域が仮定される。いま**図 3-66** のような表面積が S であるような界面相 PP′R′R を設定する。この界面相中にある成分の溶液中からの濃度分布が一様になっていると考える面 QQ′ をとり，この面より外側（この図では右側）にあるものを**界面過剰量**と呼

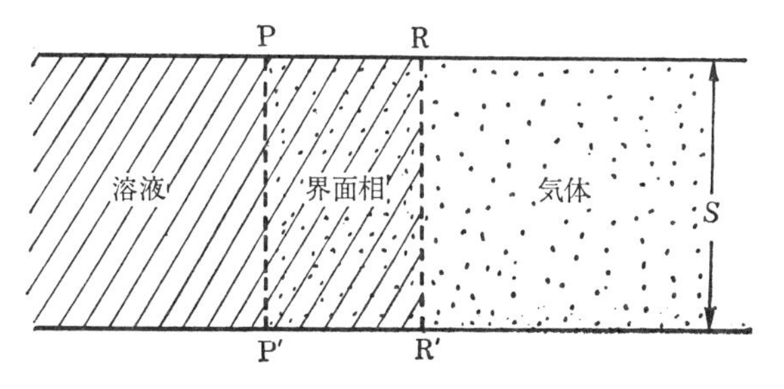

図 3－66 界面相のモデル

ぶ。これを図示すると**図 3－67** のようになる。図 3－67 で QQ′ 面より内側の不足分（この図では QQ′ 面より左側）OAB は，QQ′ 面より外側の過剰分（QQ′ 面より右側）OQ′R′ のうちの OCD 部分でおぎなうことができる（面積 OAB＝面積 OCD）ので，面積 CQ′R′D 部分の量が正味の界面過剰量となる。界面過剰濃度は界面過剰量を表面積 S で割れば求められる。

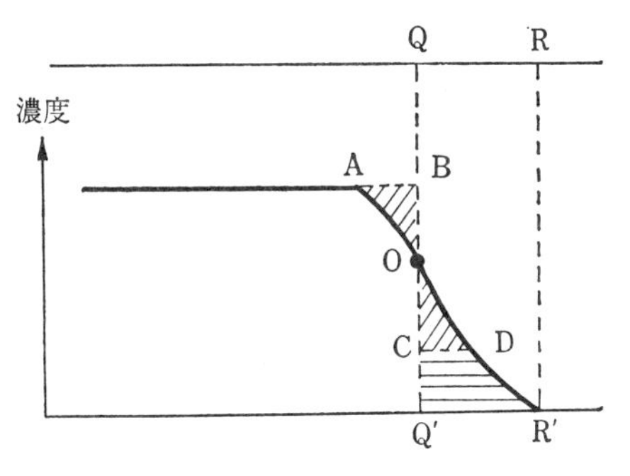

図 3－67 界面過剰量

こうした考えにもとづいて，正吸着と負吸着の場合の界面吸着量を考えてみる。まず溶媒の界面過剰量がゼロとなるような分割面 PP′（これを **Gibbs の分割面**という）を選ぶ。分割面 PP′ までは溶媒・溶質は一様に分布しているとすると，正吸着および負吸着の際の溶媒・溶質の濃度分布状態は，**図 3－68**[28] および**図 3－69**[28] のようになっているであろう。

図 3－68 の正吸着の場合，分割面 PP′ より外側（右側）の斜線の部分の面積から，それより内側（左側）の不足部分を差し引くと，OAB 面積と OP′R′ 面積ははじめから等しいから，残りの CDR′ 部分の面積（山の形をした部分）が界面過剰量に相当する。すなわち溶質の界面過剰量は正となる。図 3－69 の負吸着についても同様に考えられるから，分割面 PP′ より外側の斜線部分の面積（OP′R′）から，それより内側の面積（OAB＋EFG）を差し引いて不足部を補うとすると，先の場合と同様に OAB 面積と OP′R′ 面積は等しいから，面

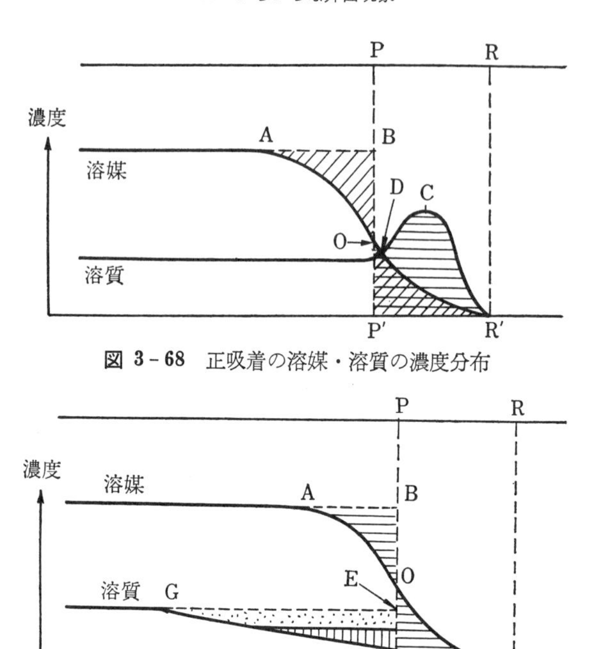

図 3-68　正吸着の溶媒・溶質の濃度分布

図 3-69　負吸着の溶媒・溶質の濃度分布

積 EFG 部分は補うことができないことがわかる。すなわち負吸着の場合には，溶質の界面過剰量は負ということになる。

C. 物理吸着と化学吸着

気体分子が固体表面に吸着すると，吸着された場所のポテンシャルエネルギーは減少する。すなわちポテンシャルエネルギーの減少した分だけ，その吸着場所から熱を発生して安定化する。この熱を**吸着熱**といい，いつも正である。

気体分子が固体表面に吸着される時の力には2通りあって，ひとつは分子間の相互作用力，つまり van der Waals 力によるものであり，他のひとつは分子が界面で電子の授受を行って生ずる原子価力に基づくものである。吸着が原子価力によるものを**化学吸着**といい，単分子層においてのみ可能である。これは比較的高温でおきるもので，その際の吸着熱は大きく，活性化エネルギーを必要とするために吸着速度はおそい。また分子間力によって起る吸着を**物理吸**

着といい低温において起る。この吸着熱は化学吸着にくらべてずっと小さく，吸着速度は速く可逆的である。炭素に対する窒素の吸着は物理吸着として，酸素の吸着は化学吸着の例として知られている。

3・5　ヌ　　レ

吸着のところでふれたように，液体や固体の表面にある原子や分子は，その原子価や分子間力が不飽和の状態にあるために，内部にある原子や分子よりも余分のエネルギーをもっている。

固体の表面はふつう空気と接触しており，固体は気体分子を吸着していてそこには固体〜気体間の界面ができている。固体が液体と直接に接触するためには，液体が固体〜気体間の界面を押しのけなければならない。このように，固体〜気体間の界面が消失して，新たに固体〜液体間の界面が生じる現象を「**ヌレ**」といっている。

固体表面の液体による「ヌレ」はそれ自体が問題になる場合，および「ヌレ」の現象を利用して，いろいろな固体の表面状態を調べる上で非常に重要な現象である。

A. 接　触　角

清浄なガラス板上に水をたらすと，水は速かに広がってゆく。いまこのガラス板上に油類，たとえばパラフィンを薄く塗って，その上に水を滴下すると，水は前のようには広がらずに水滴となって留る。これらの場合，水はガラス板をよくぬらし，パラフィンはぬらさない，またはぬらしにくいという。

図 3-70 は後者の場合の水滴の様子を示したものである。水滴面と固体面が接する点 P で，液面に引いた切線と固体表面のなす角 θ を**接触角**という。実測によると水とガラス板との接触角はほとんどゼロに近いが，水とパラフィンとのそれは約 110 度である。このことから接触角

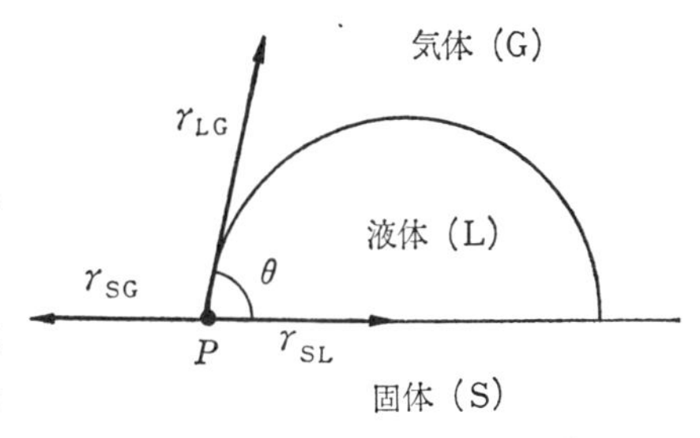

図 3-70　液滴に働く力のつりあい

の小さい物質では「ヌレやすく」，逆に接触角の大きいものでは「ヌレにくい」ということがいえる。したがって接触角の大小は「ヌレ」の現象に対して1つの重要な目安となる。接触角の測定の際，固体の表面が汚れていたり液体に不純物が入っていると，それらが測定値に大きく影響して正しい接触角は求められない。**表 3-7** は各種物質の水に対する接触角を示したものである。

表 3-7　いろいろな物質の水に対する接触角
（佐々木）

物質	θ	物質	θ
パルミチン酸	111°	ナフタリン	62°
パラフィン	108	セチルアルコール	46
ベンゼン	105	β-ナフトール	35
安息香酸	65	アセトアミド	15

また**図 3-71** のように液滴が固体面上を前進するときに得られる接触角を**前進接触角**（θ_a）といい，後退するときのそれを**後退接触角**（θ_r）というが θ_a と θ_r とは一致せず，一般に θ_a は θ_r よりも大きい。このことを**接触角のヒステレシス**と呼んでいる。その原因については，固体表面の凸凹，摩擦，および吸着などの要因が考えられている。

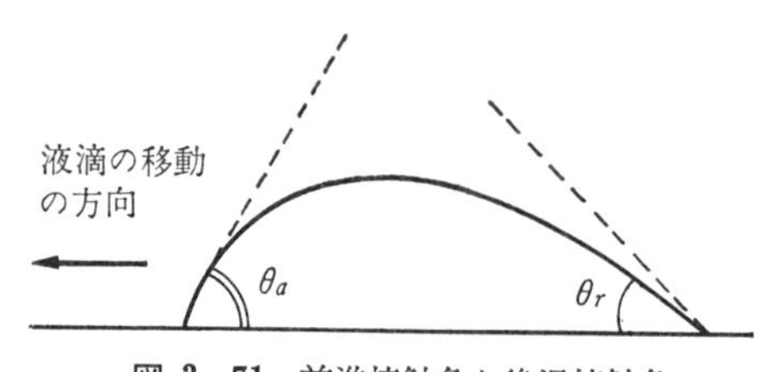

図 3-71　前進接触角と後退接触角

B. 「ヌレ」の仕事と型

「ヌレ」が生ずる際には固体〜気体間の界面が消失して，新らたに固体〜液体間の界面ができるが，そのためにはそれなりのエネルギーが必要である。この仕事のエネルギーは**自由エネルギー**にほかならない。いまあらたな界面がつくられる場合には，それにともない自由エネルギーの変化が当然おこり，この変化の大小によって「ヌレ」の尺度とすることができる。ところで表面張力の項（p. 36）述べたように，表面張力は単位面積あたりの仕事のエネルギーと考えられるから，「ヌレ」による自由エネルギーの変化は，「ヌレ」による界面（表面）張力の変化に等しいということができる。

「ヌレ」を自由エネルギー変化からみると，質的に異る3つの型に分けて考えられる。**図 3-72** は「ヌレ」の型をモデル的に示したものである。（I）は

拡張ヌレといって，例えばガラス板上に水が広がってゆくときの「ヌレ」がこれに当る。（II）は**付着ヌレ**といい，液滴が固体につく際の「ヌレ」で，例えばガラス板上に水銀がついた場合はこの型に属する。また（III）と（IV）は一見全く別の「ヌレ」の現象にみられるが，本質的（熱力学的）には同じであり，（III）は水がガラスの毛細管をぬらすような場合で**浸透ヌレ**と呼び，（IV）は紙や布，粉末が水にヌレる際の型で**浸漬ヌレ**という。

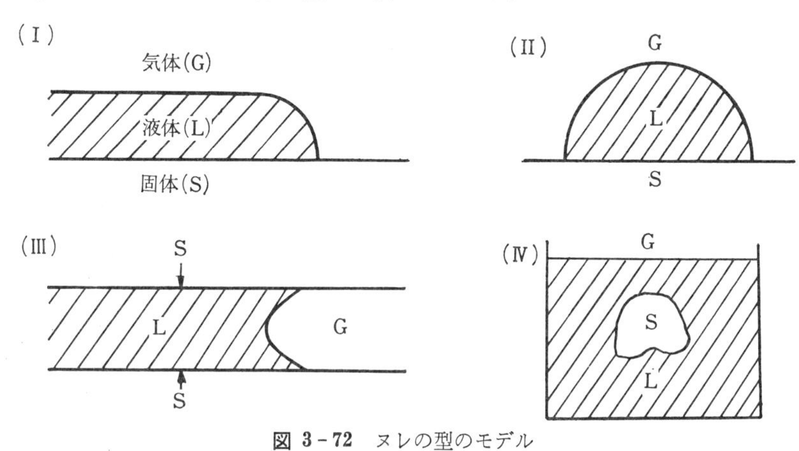

図 3－72 ヌレの型のモデル

それぞれの型の「ヌレ」の自由エネルギー変化を，界面張力を利用してその仕事量をあらわすと次の式で表現することができる。

（I）の拡散ヌレの仕事は

$$W_s = \gamma_{SG} - \gamma_{LG} - \gamma_{SL} \tag{3-15}$$

（II）の付着ヌレの仕事は

$$W_a = \gamma_{SG} + \gamma_{LG} - \gamma_{SL} \tag{3-16}$$

（III），（IV）の浸透（浸漬）ヌレの仕事は

$$W_i = \gamma_{SG} - \gamma_{SL} \tag{3-17}$$

でそれぞれ表わすことができる。

ここで γ_{SG} は固体～気体間の界面張力，γ_{SL}，γ_{LG} もおのおの固体～液体間，気体～液体間の界面張力である。ところで式中にある γ_{SL} と γ_{SG} は現在のところ実測することができない。したがって求められない γ_{SL} と γ_{SG} を別の方法で

表現しなければならない。**図 3-70** のように気相，液相，固相の 3 相が共存し，接触角 θ を保って平衡にあるとき，点 P における力のつり合いは次の式であらわすことができる。

$$\gamma_{SG} = \gamma_{SL} + \gamma_{LG}\cos\theta \tag{3-18}$$

この式を**ヤング** (Young) **の式**という。Young 式を式 (3-15), (3-16), (3-17) に代入することによって，測定不可能である γ_{SL} と γ_{SG} は消却されて次のように変形される。

$$W_s = \gamma_{LG}(\cos\theta - 1) \tag{3-19}$$

$$W_i = \gamma_{LG}\cos\theta \tag{3-20}$$

$$W_a = \gamma_{LG}(\cos\theta + 1) \tag{3-21}$$

「ヌレ」が起るためには，自由エネルギー変化すなわち W_s, W_a, W_i は正でなければならないから

拡張ヌレは $W_s \geqq 0$ のときおこり，その時の接触角は $\theta = 0°$

付着ヌレは $W_a \geqq 0$ のときおこり，その時の接触角は $\theta \leqq 180°$

浸透（浸漬）ヌレは $W_i \geqq 0$ のときおこり，その時の接触角は $\theta \leqq 90°$

である。

C. 固体の臨界表面張力

固体表面の「ヌレ」の程度をはかる尺度として接触角が利用されるが，接触角は正しい方法によって測定すれば，再現性のある値を得ることができる。

ところでテフロンやポリエチレンが水に「ヌレ」にくいことは良く知られているが，テフロンとポリエチレンの「ヌレ」の度合を比べると，ポリエチレンの方が「ヌレ」やすいことがわかっている。水よりも表面張力の小さい固体の表面を**低エネルギー表面**というが，大部分の有機高分子や有機化合物は低エネルギー表面をもち，テフロンやポリエチレンもそのひとつである。

こうした低エネルギー表面をもつ固体の表面上に，種々の表面張力をもつ極性の有機液体（例えばグリセロール，ホルムアミドなど）や飽和炭化水素，水などを滴下し，それらの接触角 θ を測定して，$\cos\theta$ を表面張力 γ に対してプ

ロットすると**図 3-73** のような直線が得られる。この直線を $\cos\theta=1$（すなわち $\theta=0°$）の水平線と交わる点の表面張力を，**ジスマン**（Zisman）は**臨界表面張力**と呼び γ_c であらわした。**図 3-73**[29] はポリエチレン表面のヌレにおける Zisman プロットを示している。この結果からポリエチレンの臨界表面張力 γ_c は約 31 と求められる。この γ_c の意味は 31 (dyne/cm) より小さい表面張力の液体は，ポリエチレンの表面をぬらして広がるけれど，この値より大きい表面張力をもつ液体は広がらないということである。したがって γ_c は固体表面の一種の特性値と考えられる。**表 3-8** には低エネルギー表面をもついくつかの固体の臨界表面張力を示した。

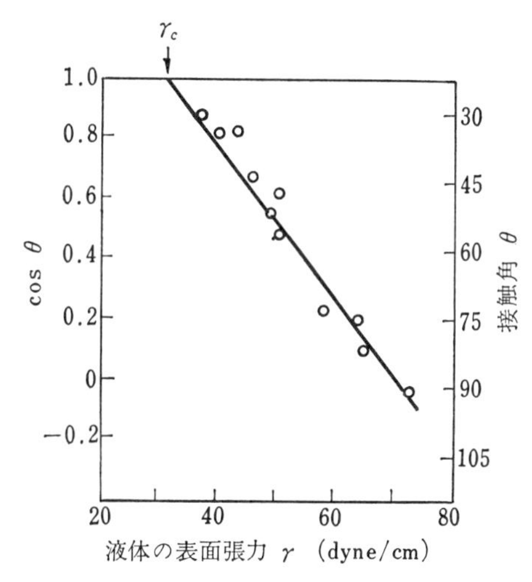

図 3-73　液体によるポリエチレン表面のヌレにおける Zisman プロット

表 3-8　臨界表面張力

固　　体	臨界表面張力 (dyne/cm)
テ フ ロ ン	18
ナ フ タ リ ン	25
n-ヘキサデカン	29
ポ リ エ チ レ ン	31
ポ リ ス チ レ ン	33〜43
ナ イ ロ ン	41〜46

表 3-8 からテフロンとポリエチレンの臨界表面張力値から，テフロンの方がより「ヌレ」にくいことが認められる。この「ヌレ」の差はこれらの物質の表面の化学構造に由来するものと推測される。

いまポリエチレンの水素を 1 つずつフッ素で置換してゆくと，フッ素の数が増えるにつれて臨界表面張力値は減少して，疎水性が増大してゆく。一方，水素を塩素で置換してゆくと，反対に臨界表面張力値はふえてゆき親水性が増大する。すなわちフッ素は水素より疎水性であり，塩素は水素より親水性であるといえる。**図 3-74**[30] は高分子の化学構造と臨界表面張力値の関係を示したものである。

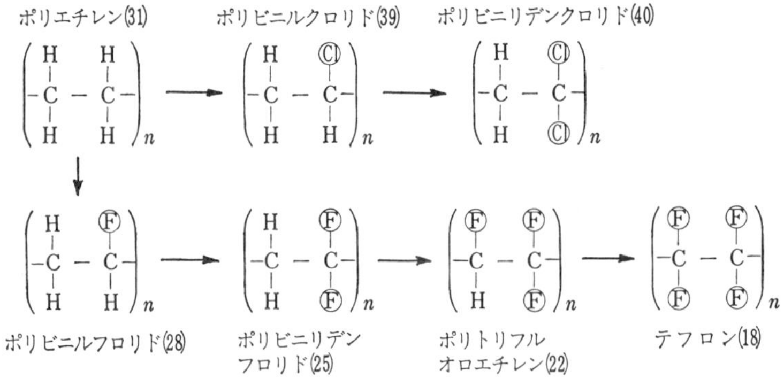

ポリエチレン(31) ポリビニルクロリド(39) ポリビニリデンクロリド(40)

$$\left(\begin{array}{ccc}\mathrm{H} & & \mathrm{H}\\ | & & |\\ -\mathrm{C} & - & \mathrm{C}-\\ | & & |\\ \mathrm{H} & & \mathrm{H}\end{array}\right)_n \longrightarrow \left(\begin{array}{ccc}\mathrm{H} & & \mathrm{Cl}\\ | & & |\\ -\mathrm{C} & - & \mathrm{C}-\\ | & & |\\ \mathrm{H} & & \mathrm{H}\end{array}\right)_n \longrightarrow \left(\begin{array}{ccc}\mathrm{H} & & \mathrm{Cl}\\ | & & |\\ -\mathrm{C} & - & \mathrm{C}-\\ | & & |\\ \mathrm{H} & & \mathrm{Cl}\end{array}\right)_n$$

$$\downarrow$$

$$\left(\begin{array}{ccc}\mathrm{H} & & \mathrm{F}\\ | & & |\\ -\mathrm{C} & - & \mathrm{C}-\\ | & & |\\ \mathrm{H} & & \mathrm{H}\end{array}\right)_n \longrightarrow \left(\begin{array}{ccc}\mathrm{H} & & \mathrm{F}\\ | & & |\\ -\mathrm{C} & - & \mathrm{C}-\\ | & & |\\ \mathrm{H} & & \mathrm{F}\end{array}\right)_n \longrightarrow \left(\begin{array}{ccc}\mathrm{F} & & \mathrm{F}\\ | & & |\\ -\mathrm{C} & - & \mathrm{C}-\\ | & & |\\ \mathrm{H} & & \mathrm{F}\end{array}\right)_n \longrightarrow \left(\begin{array}{ccc}\mathrm{F} & & \mathrm{F}\\ | & & |\\ -\mathrm{C} & - & \mathrm{C}-\\ | & & |\\ \mathrm{F} & & \mathrm{F}\end{array}\right)_n$$

ポリビニルフロリド(28) ポリビニリデンフロリド(25) ポリトリフルオロエチレン(22) テフロン(18)

図 3-74 高分子の化学構造と臨界表面張力
( ) 内の数値は γ_c 値

D. 溶液からのヌレ —固体への溶質の吸着—

これまでの「ヌレ」については改めて断わりをしなかったが，それは純粋な液体の「ヌレ」の場合についてであった。しかし実際には純粋な液体に溶質が加わった溶液の「ヌレ」の場合の方がはるかに多い。その際には固体表面に溶液中の溶質が吸着して，固体〜液体間の界面張力が変化し，固体表面の性質が大きくかわる。例えば，染色やクロマトグラフィーでは，溶質の吸着が重要な因子となっている。

(1) 界面活性剤の吸着

いま界面活性剤を溶質として，固体表面への界面活性剤の「ヌレ」，すなわち界面活性剤の固体表面への吸着の例を**図 3-75**[31)]に示した。ここでは固体としてアルミナ粒子を，界面活性剤にはドデシルスルホン酸ナトリウムを使用している（またドデシルスルホン酸ナトリウム水溶液の pH は 7.2 であり，塩化ナトリウムでそのイオン強度を 2×10^{-3} に調節してある)。

グラフからアルミナ表面への活性剤の吸着状態は，3つの部分に分けて考えられる。まず領域 ① ではドデシルスルホン酸イオンとイオン強度の調節のために入っている塩素イオンとの競争吸着が，アルミナ粒子表面の電気二重層の拡散層部分 (p. 19 参照) で起ると考えられる。またこの吸着は単にイオンの交換なので，吸着量はほとんど増えていないし，ζ 電位も変化していない。領域 ② に入ると急激に吸着量は増大しはじめ，それにともなって ζ 電位も変化し

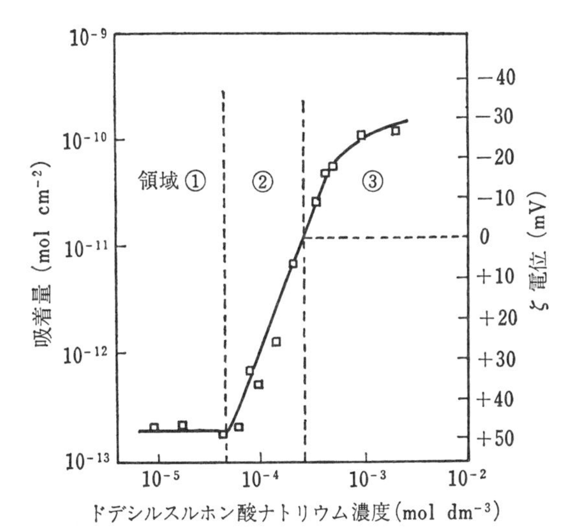

図 3-75 アルミナへのドデシルスルホン酸ナトリウムの吸着とζ電位の変化

ている。これは活性剤イオンの吸着によって，アルミナ表面の電荷が中和されてゆくことを示している。また吸着の起っている場所は，電気二重層の内側の Srern 層と考えられる。領域 ② から領域 ③ にうつる間で，ζ電位が (+) から (−) に逆転している。このことは活性剤イオンがアルミナ表面に単分子 (1 分子) 層吸着した後，さらにもう 1 分子層の吸着がおきたものと思われる。図 **3-76** は，吸着量の変化にともなうζ電位の変化のようすをモデル的に示したものである。領域 ③ に入ると，吸着等温線のこう配が減少する。

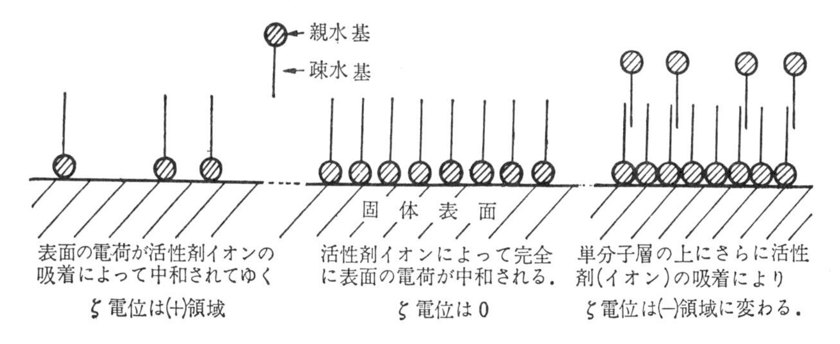

図 3-76 界面活性剤の吸着とζ電位の変化

(2) 高分子の吸着

高分子溶液から固体表面へ溶質である高分子の吸着がおきることが知られている。高分子は同じ単位がくり返しつながっている(図 3-74 参照)長い鎖状をしており，周囲の環境すなわち溶けている溶媒の性質によっていろいろな形をとる。溶媒が高分子と親和性のあるものであれば，高分子は溶媒中にのびのびと拡がった形をとり，親和性に乏しい場合には縮まった形をとる(**図 3-77**)。

図 3-77 溶媒中の高分子の状態

高分子と親和性のある溶媒を**良溶媒**，そうでないものを**貧溶媒**と呼んでいる。

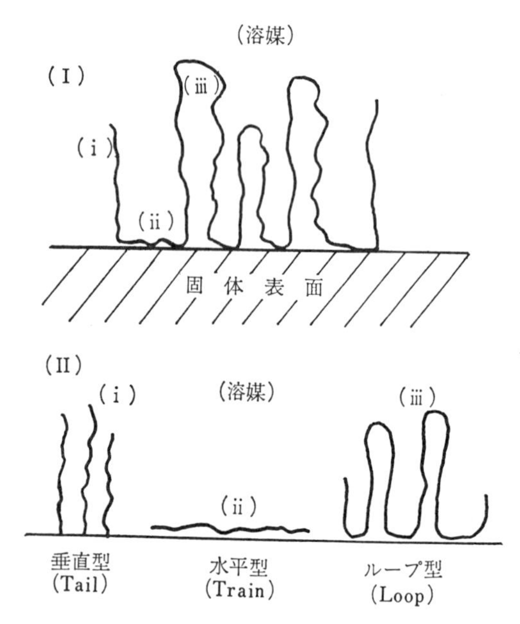

図 3-78 高分子の吸着形態モデル

高分子は長い鎖状をしているといったが，同じ高分子でもその鎖の長さが長いものや短いものが入り混っていて一様ではない。これは高分子の分子量には分布があるということである。また多くの高分子は界面活性剤と同様に，分子中に親水基と疎水基をもっているが，界面活性は活性剤よりも弱い。

このような特性をもつ高分子が溶液中からどのようにして固体表面に吸着されるのであろうか。

平滑な固体表面への高分子鎖の吸着形態は，**図 3 - 78** にモデル的に示したような3つの型に分けて考えられる。図中（i）はわずかなサイト（吸着場所）で吸着し，他のセグメント部分は溶媒中に拡がっている。これを**垂直型**または **Tail 型**という。（ii）は吸着分子の全セグメントが直接に界面に対して水平に吸着する場合で，**水平型**または **Train 型**ともいう。（iii）は（i）と（ii）を合わせたような**ループ型**（**Loop**）をしており，多くのサイトで吸着がおきており他の部分は溶媒中に拡がっている。

高分子の吸着は分子量の増加につれて増えるのが普通であるが，その分子量（M）と飽和吸着量（x_m）と間には一般に次の関係が成立する。

$$x_m = KM^{\alpha} \tag{3-22}$$

K は溶媒の性質に依存する定数，α は分子量に関係する因子で 0 から 0.5 の値をとる。**ウルマン**（Ulman）らの研究によると，α の値によって高分子鎖の吸着の状態が変わることが知られている。それによると

① $\alpha=0$ の場合は吸着分子の全セグメントで界面に吸着し，x_m は分子量に無関係である。図 3 - 78 中では（II）の（ii）の**水平型吸着**をする。

② $\alpha=1$ では，x_m は分子量 M に比例し，わずかなサイトで吸着して他の部分は（II）の（i）のように，溶媒中に拡がった**垂直型吸着**をしている。

③ $0.5>\alpha>0$ の場合では，（i）と（ii）を合せた**ループ型**に吸着する。

表 3 - 9[32] は実測によって求めた α と K の値である。

表 3 - 9　高分子の飽和吸着量と分子量

高分子	固体	溶媒	$K\times10^2$	α
ポリジメチルシロキサン	ガラス	ベンゼン	0.97	0.40
	〃	ヘプタン	2.94	0.35
	鉄	ベンゼン	0.34	0.43
	〃	ヘプタン	4.90	0.23
ポリエチレングリコール	アルミニウム	ベンゼン	—	0.50

ところで高分子の吸着は，固体粒子の凝集や分散に大きな影響をおよぼす。**図 3 - 79**[33] はポリスチレンラテックスに分子量のことなるポリオキシエチレン（POE）の高分子溶液を，いろいろな濃度で加えていった時の凝集と分散の状態を，コロイドの安定性を示す**安定度比**（W）を利用して示したものである。

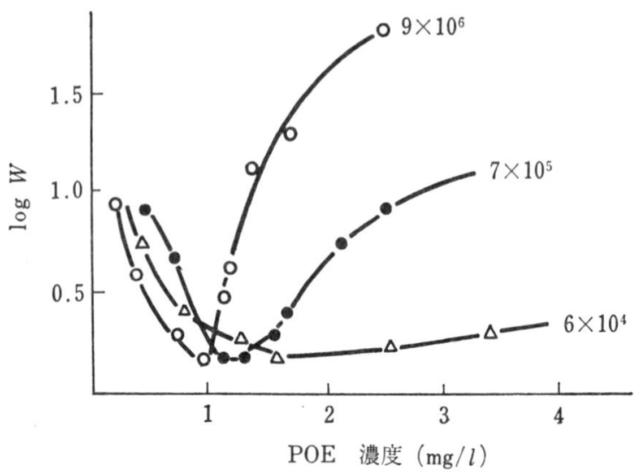

図 3-79　POE 濃度と安定度比の関係

この結果から POE の濃度が低いときは，いずれの場合も安定度比 W は低下しており，POE の吸着によってポリスチレンラテックス粒子どうしは凝集していることが考えられる。しかし一定の POE 濃度をこえると，安定度比はどの分子量の場合も上昇するが，その中でも分子量の大きいものほど著しい安定性を示していることがわかる。すなわち分子量の大きいものほど分散性が良いことになる。一般に高分子量をもった高分子が良溶媒にとけている場合は，このように低濃度で凝集が，高濃度では分散作用がみられる。

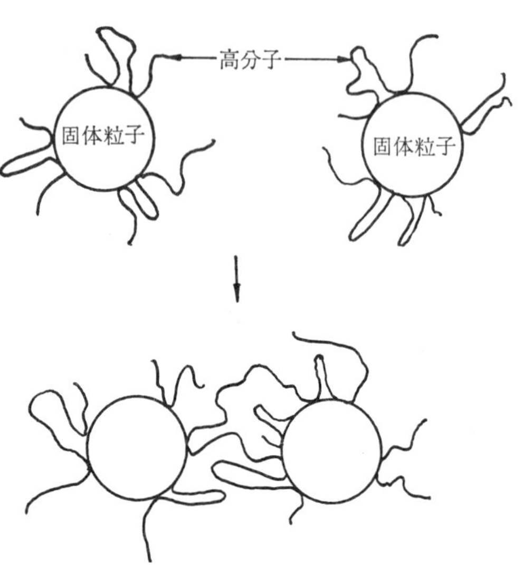

図 3-80　高分子による橋かけ凝集のモデル

この現象は次のように考えられる。高分子を吸着した粒子どうしが凝集するためには，ループ型吸着が適している。高分子の濃度が低い時は，吸着すべき高分子の数が少いために，図 3-80 のようにまだ他の高分子が吸着できる余地（空席）が残っている。このような状態の粒子どうしが接近した場合，一方の粒子に吸着している高分子が，他の粒子表面上の空席部位に吸着して，粒子どうしの凝集がおきる。この現象を**橋かけ凝集**と呼んでいる。この橋かけ凝集が起るための条件として，吸着している高分子が粒子表面から脱離せず，しかも他の部分のセグメントが溶媒中に拡がっていることが必要である。

高分子が高濃度の場合には，それぞれの粒子表面にぎっしりと密に高分子が吸着して，他の高分子が吸着できる余地が残されていない。したがって高分子の橋かけによる凝集は起らない。さらに吸着層が厚くなると，吸着層間の反発が強くなり粒子の分散性は増してくる。

3・6 接　　着

A. 接着の条件

2つの物体をつけ合せることを接着というが，接着しようとするものは固体であって気体や液体ではない。固体と固体を接着剤を用いてつけ合せる場合，接着剤は液体であるから，そこには当然固体〜液体間の界面現象や，また液体自身のレオロジー的（変形や流動）な性質を考え合せなければならない。

接着が起きるためには接着するものと接着されるものの間にある関係，すなわち接着剤が被接着物をぬらすことが必要である。「ヌレ」を大きくするためには，接触角はできるだけ小さい方がよい。さらに接触角が小さくなるためには表面張力も小さくなければならない。一方，被接着物たとえば木材，金属，高分子などはそれぞれ固有の**表面自由エネルギー**（γ_S）をもっており（**表 3-10**），この表面自由エネルギーの大きいものほど一般に「ヌレ」やすいが，固体表面の「ヌレ」やすさは固体内部の構造には無関係で表面の分子構造によってきまる。また各種の接着剤は固有の表面張力 γ_L（**表 3-11**）をもっているから，固体表面に接着剤が「ヌレ」るかどうかは γ_S と γ_L との関係によって決まってくる。すなわち

① $\gamma_S \geqq \gamma_L$ のときよく「ヌレ」る

② $\gamma_S < \gamma_L$ のとき「ヌレ」にくい。

例えば，表 3-10，表 3-11 から，エポキシ樹脂は塩化ビニルをぬらすことはできないことがわかる。

表 3-10　各種材料の表面自由エネルギー

材　　料	γ_S (dyne/cm)
テフロン	18.5
ポリエチレン	31.0
ポリスチレン	33.0
塩化ビニル	40.0
ナイロン	46.0
エポキシ	47.0
材木	50.0
水	73.0
アルミニウム	約 500
ハンダ	〃
水銀	〃
銀	約 900
銅	約1100

表 3-11　各種接着剤の表面張力

接着剤	γ_L (dyne/cm)	測定温度 (℃)
エポキシ	47.2	20
エポキシ・ポリアミン	42.9	〃
ポリエチレン	27.3	150
ポリプロピレン	24	170
エルバックス	26.3	150

B. 接　着　力

接着剤が被接着物をぬらすだけでは接着することはできない。ぬらすことによって接着剤と被接着物の間の結合力が生じなければならない。この結合力として次の3種類の力が考えられる。

(1)　化学結合力

この結合は接着剤と被接着物の間で化学変化を起す際に生ずる結合力によもので，**一次結合**ともいわれる。例えばポリウレタン系のイソシアネート(—NCO)接着剤は，木材などがもっている —OH 基や —NHCO— 基と化学結合をする。しかし実際には化学結合が起る場合はごく少数であって，接着剤の大部分は被接着物と化学反応をする能力はないと考えられる。

(2)　van der Waals 結合力

被接着物と接着剤が結合して接着するためには，接着剤と被接着物が互いに強く引き合わなければならない。物質相互間（分子相互間）に働く力をファンデルワールス (van der Waals) 力といい，この力は3つの力に分けて考えられる。物質を構成している分子は全体として普通の状態では電気的に中性である。しかし大抵の分子は何かの原因で一方が（＋）に他方が（－）になっている。このような状態を**分極**という。**図 3-81** は物質（分子）の分極と非分極の

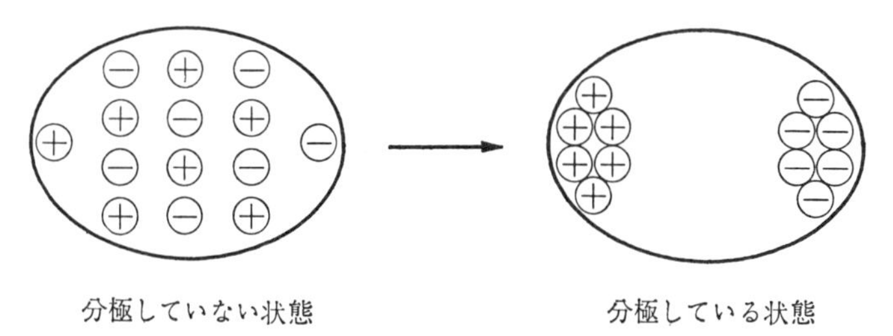

図 3-81 分極と非分極の状態

状態を視覚的に示したものである。分極によって生じた接着剤と被接着物の異種の電荷が，互いに引き合うことによって接着することができる。これを**配向効果**といい，各分子中に —OH, —COOH, —NH_2 などの極性基をもつ場合に限られている。次に**誘起効果**といい，接着剤または被接着物のどちらか一方が分極していて，これに非分極分子が接近すると，非分極分子は分極されて互いに引き合うようになる性質がある。しかしこの誘起力は弱く，接着に役立つ割合は非常に小さい。また接着剤も被接着物もともに非分極状態である時，おのおのの分子が近づくと瞬間的に分極が起り分子が分極状態になることがある。そしてプラスとマイナスの強い電気的な引力によって吸引される。これを**分散効果**とよんでいる。以上の3つの効果力を合わせて van der Waals 力という。図 3-82 は van der Waals 力の効果をモデル的に示したものである。

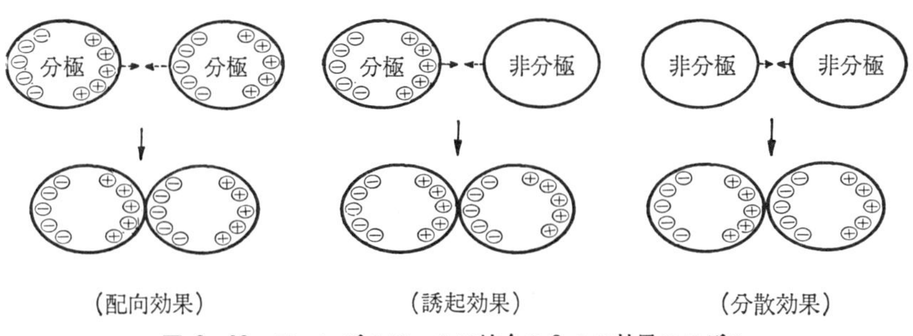

図 3-82 ファンデルワールス結合の3つの効果のモデル

(3) 水 素 結 合

水素は1価の原子であるから，1価以上の結合は考えられない。しかし水素原子が**電気陰性度**（電子を引きつける力）の大きい N, O, F のような原子にはさまれると，水素原子の電子雲が電気陰性度の大きい原子の方向に引きよせられ，電子は共有されて結合を生ずる。これを**水素結合**と呼んでいる。

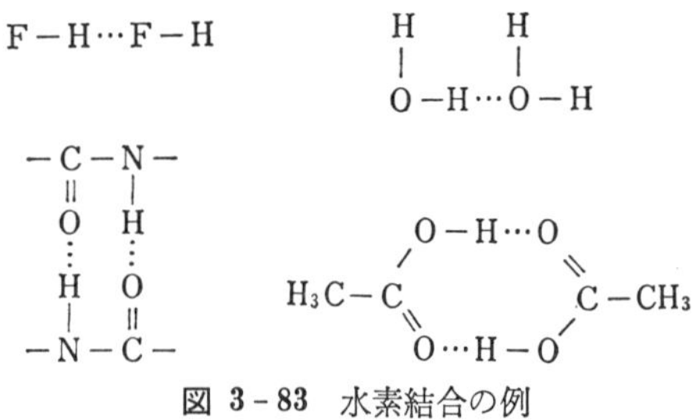

図 3-83　水素結合の例
……印は水素結合部位を示す

以上3つの力はそれぞれ単独ではなく，重複して作用している場合の方が多い。一次結合が接着に役立つことはまれであるから，van der Waals 力と水素結合は接着に重要な役割を果たしているといえる。**表 3-12** は3つの力の結合エネルギーを示したものである。

表 3-12　結合エネルギー

結　合　力	結合エネルギー (kcal/mol)
化　学　結　合	50～200
ファンデルワールス結合	1～ 5
水　素　結　合	5～ 10

C. 接着力に影響を与える因子

(1) 接着剤の厚さ

図 3-84 はポリ酢酸ビニルと鋼とを接着する場合の接着剤の厚みと，その接着力との関係を示したものである。この関係から接着剤の厚みが厚くなるほど接着力が弱くなることがわかる。これは膜が厚くなると気泡が入りやすくなり，また接着剤を塗ってから凝固する間に体積の収縮を起して，内部ひずみを生ずる

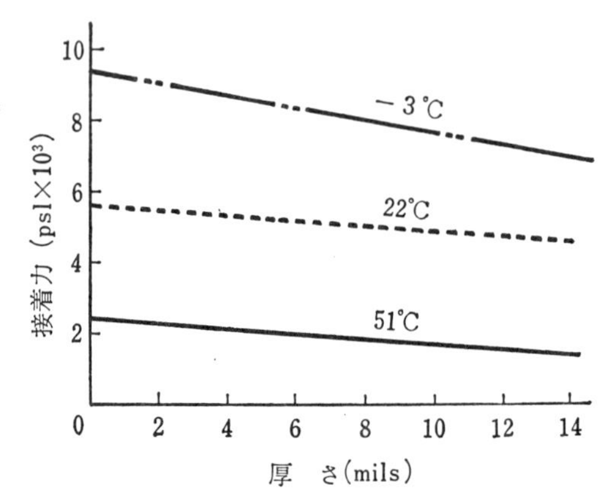

図 3-84　ポリ酢酸ビニルによる接着剤の厚みと接着力

ためである。内部ひずみがあると，それだけ外力に対して弱く，接着剤膜の厚みが大きくなるほどその傾向が強くなる。

（2） **表面の汚染**

先に接着の条件の項でのべたように，接着の第1条件は「ヌレ」が起きなければならないということであるが，たとえば接着できても被接着物の表面が何かで汚染されていれば，とうぜん接着剤の接着力は弱められるはずである。**図3－85**は金属の表面に汚れとしてデカノン酸の量をいろいろに変えて塗った場合の，接着剤ポリ酢酸ビニルの接着力の変化を表わしたものである。デカノン酸0%，すなわち表面が汚れていない清浄な時（直線）と，他の4つの曲線を比べてみると，いかに被接着物の表面の汚染状態が接着力に大きな影響を与えているかが理解される。

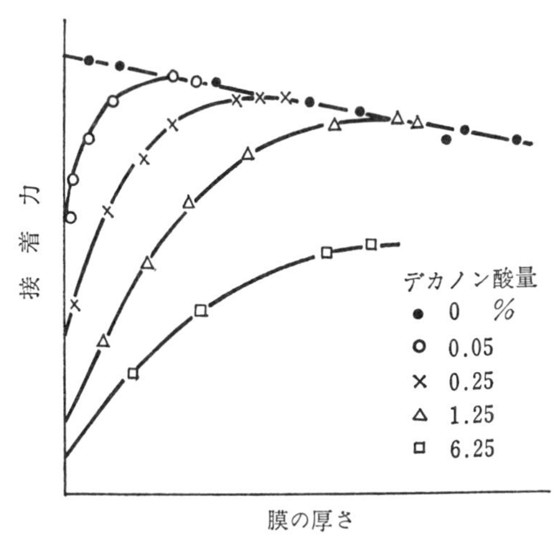

図 3－85　デカノン酸による表面汚染と接着力

（3） **温　　度**

一般に接着剤の**熱膨張係数**は金属やガラスよりも大きい。そのために温度変化が大きいと，接着面に大きな応力が生じて接着力は減少する。特に接着剤と被接着物の接着面積が広い場合には，無視できない力となることがある。**図3－86**はポリ酢酸ビニルと鋼との接着の際の接着力と温度との関係を示したものである。

膨張係数の差によって生ずる応力ひずみは，被接着物に可塑性を付与することによって軽減させる方法がある。

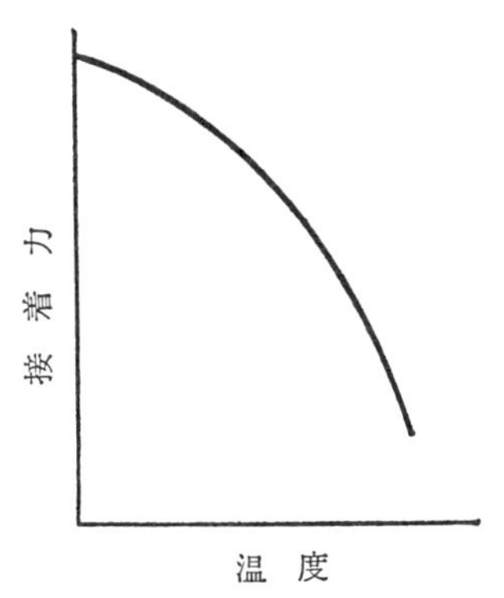

図 3－86　接着力に対する温度の影響

（4） 可 塑 剤

接着の**活性化エネルギー**は，接着剤が被接着物と結合する場合に必要なものであるが，接着をある程度容易にするために，接着剤に可塑剤を加えて接着の活性化エネルギーを低下させることが一般に行なわれている。**図 3-87** はポリビニルプチラールとジュラルミンにおける，接着の活性化エネルギーと可塑剤量との大体の関係を示したものである。可塑剤を加えることによって接着の活性化エネルギーは下がるが，可塑剤を加えすぎると流動しやすくなって逆に接着力が下がり始める。**図 3-88** はニトロセルロースとアルミニウムを接着する際の可塑剤量の影響を示したものである。

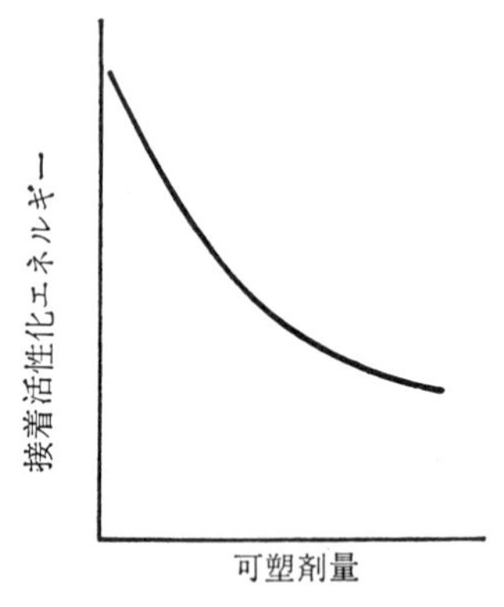

図 3-87　可塑剤量と接着の活性化エネルギー

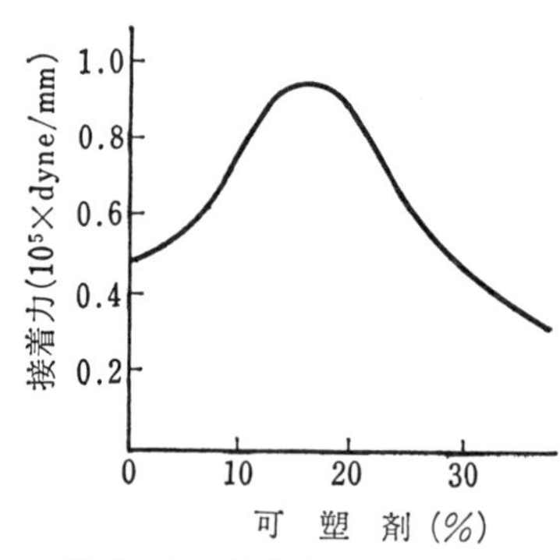

図 3-88　接着力と可塑剤の影響

4. 薄　膜

4・1　不溶性単分子膜

A.　単分子膜の生成

炭素数の少い低級の脂肪酸やアルコールは水に良く溶けるが，炭素数の多い高級脂肪酸になるにつれてだんだんと不溶性になってくる。いま水に不溶性の高級脂肪酸をベンゼンに溶かし，そのごく少量を清浄な水面上にたらすと，溶媒のベンゼンは蒸発してしまい，あとには水に不溶性の高級脂肪酸の分子が水面上に一列になって残る。これは一種の膜と考えることができるので，これを**不溶性単分子膜**と呼んでいる。

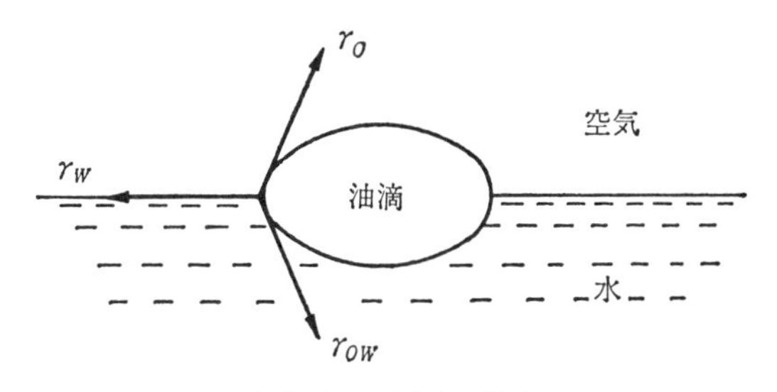

図 4-1　水面上の油滴

いま水面上に滴下した液滴がどのような場合に拡がるか否かを，油（広い意味で水に不溶性の液体）を例にとって考えてみる（**図 4-1**）。清浄な水面上に油を1滴落すと，油が水面上に拡がってゆく場合と，拡がらずに球状またはレンズ状となる2つの場合が考えられる。その際，水の表面張力を γ_W，油の表面張力を γ_0，水と油の界面張力を γ_{OW} とすると，油が拡がろうとする能力 S は次式で表わされる。

$$S = \gamma_W - \gamma_O - \gamma_{OW} \tag{4-1}$$

$S \geqq 0$ の時に油は拡がってゆく。この能力 S を**拡張係数**という。一方，水と油

の付着の仕事を W_a，油滴自身の凝集の仕事を W_c とすると，それらは各々

$$W_a = \gamma_W + \gamma_O - \gamma_{OW} \tag{4-2}$$

$$W_c = 2\gamma_O \tag{4-3}$$

で表わされる。したがって式 (4-1) は式 (4-2) と式 (4-3) から

$$S = W_a - W_c \tag{4-4}$$

となる。

この式からわかるように，油滴が水面上を拡がるか否かは W_a と W_c の大小関係で決まってくる。例えば流動パラフィンは拡がらずに球状の油滴となるが，オリーブ油などは拡がって薄い膜を形成する。

単分子膜をつくる物質の条件は，① 水に不溶性である，② 不揮発性である，③ 分子中に親水基と疎水基をもっていることが必要である。しかしもし親水基が疎水基に比べて非常に強いような物質の場合（例えば —COONa, —SO_3Na を持つセッケンなど）は，生成された膜は不安定で水に溶けやすい。そのためにこのような膜を不溶性単分子膜に対して，**可溶性単分子膜と**呼び区別している。

B. 単分子膜の性質

(1) 表面圧〜面積曲線

1917 年 Langmuir は不溶性単分子膜の性質を調べるために，**図 4-2** のような表面圧計を考案した。この装置は底の浅い長方形の水槽に水をはり，水面上を自由に動く可動仕切板 A と，位置を固定した浮板 B の間の部分 M に単分子膜を作り，可動仕切板 A を動かしながら単分子膜部分 M の面積をいろいろに変え，そのさい浮き板 B にかかる圧力を測定する。

いま単分子膜でおおわれた M の表面張力を γ_M，清浄な水面 W の表面張力を γ_W，浮き板 B にかかる圧力を π とすると

$$\pi = \gamma_W - \gamma_M \tag{4-5}$$

この圧力 π は**表面圧**と呼ばれる。仕切可動板 A を動かすと M 部分の膜面積が変わり，それにともなって表面圧が変化するから，膜面積と表面圧の関係が測

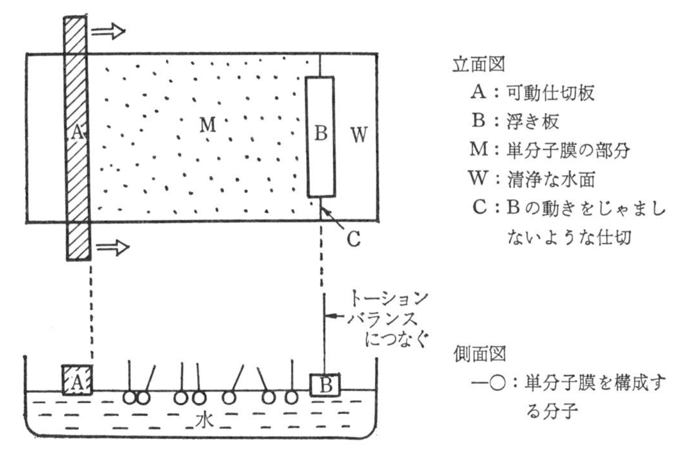

図 4-2 ラングミュアーの表面圧計の略図

定できる。普通 M 部分の面積 S をそのまま用いず，この部分に吸着している分子数 N で割った値 $S/N=A$ を用いている。A は**分子占有面積**といい，一分子当りが占める面積である。表面圧と分子占有面積の関係を示したものを **π～A 曲線**と呼んでいる。

π～A 曲線は条件によっていろいろな型をとることが知られている。**図 4-3** は代表的な 3 つの曲線と，その際の膜を形成している分子の状態のモデルを示

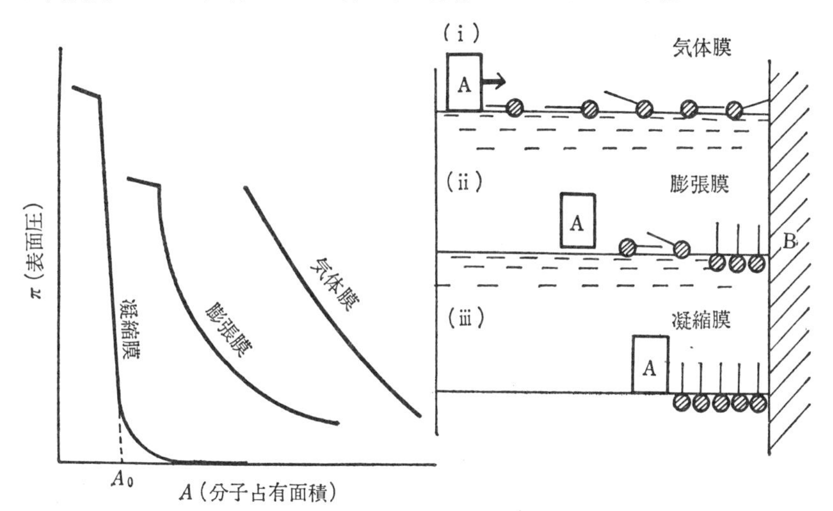

図 4-3 π～A 曲線の代表的な膜と膜構成分子の状態モデル

したものである。いま可動板Aを静かに動かして(図では右方向へ)膜を圧縮し，膜面積を小さくしてゆく。

面積が十分広い時は，分子は水面上を自由にバラバラに存在している(i)。この時の膜を**気体膜**という。さらにAを移動させて面積を縮めてゆくと，分子は次第につまってゆき，表面圧は徐々に増大してゆく(ii)。図(ii)に対応する膜を**膨張膜**と呼んでいる。面積が非常に小さくなった段階では，π が急激に上昇し分子が密につまった膜が生ずる(iii)。この膜を**凝縮膜**といい2次元における液体ないしは固体と考えることができる。この際に凝縮膜曲線を $\pi\to 0$ に補外した時の A 値を特に**極限面積**といい，1分子当りの占有面積をあらわし，膜構成分子の断面積に近い値をもっている。

どのような型の膜が生ずるかは，物質の化学構造，温度，膜をのせている水相のpHやイオン組成によって変わってくる。

図4-4[1)]および**図4-5**[2)]は直鎖飽和脂肪酸の表面圧～面積曲線が，温度および鎖長の影響をうける例を示したものである。図4-4は0.01 N-HCl 上に広げられたミリスチン酸の単分子膜で，2.5℃では膜は完全に凝縮している。温度が上昇すると低圧で高占有面積の領域に膨張膜があらわれ，さらに高温，

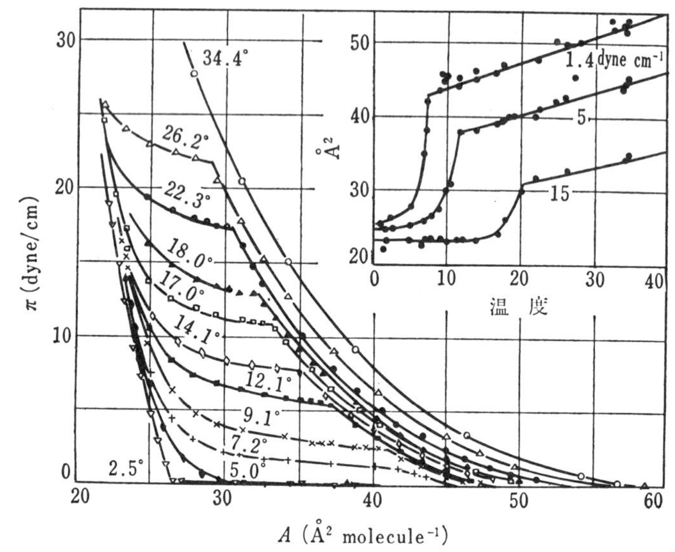

図4-4　鎖長一定(C_{14})における温度の影響による π～A 曲線

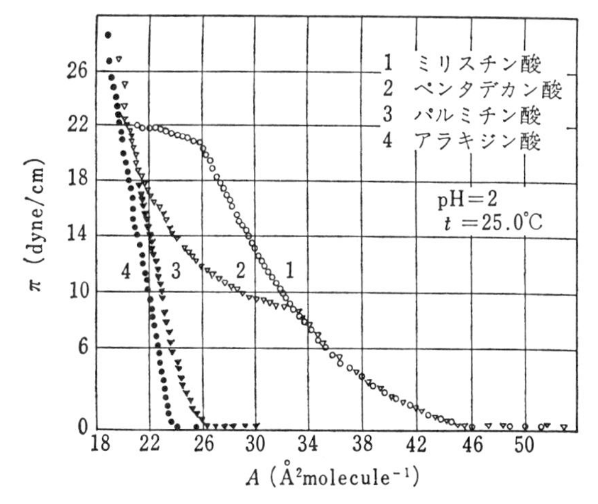

図 4-5 一定温度 (25℃) における鎖長の影響による $\pi \sim A$ 曲線

低圧部では膨張膜から気体膜に変わっているのが認められる。一方，鎖長が増加すると膨張膜が観察されずに，気体膜からいきなり凝縮膜に転移する場合がある。炭化水素鎖の長い脂肪酸の場合には，鎖間の凝集力が大きく分子が集合して島をつくる傾向が強いために，面積の広いところでは表面圧はほとんど0となるものと考えられる。

（2） 表面電位

清浄な水面と空気間との電位差と，水面上に単分子膜を拡げたときの膜と空気間の電位差との差を**表面電位**といい，この値は界面における膜分子の密度や配向によって変化する。したがって表面電位を測定することによって膜の状態を推察することができる。

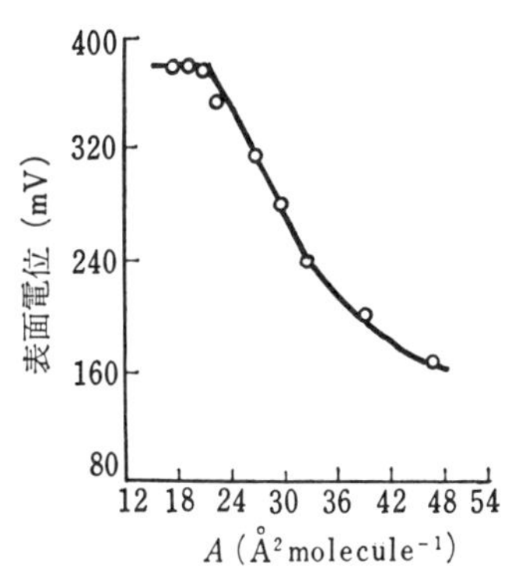

図 4-6 ミリスチン酸単分子膜の表面電位 (pH 3, 15℃)

図 4-6 はミリスチン酸単分子膜の表面電位と占有面積の関係を示したものである。ミリスチン酸の単分子膜を圧縮して占有面積を小さくしてゆくと表面電位は増加してゆき，ミリスチン酸の極限面積に達すると一定値に

なることがわかる。表面電位が小さい領域ではミリスチン酸分子はかなり自由な状態で，かならずしも分子は水面に対して垂直に配向していないが，表面電位の増加とともに分子がつまってきて，すべての分子が垂直な配向をとるようになる。その状態になれば表面電位の変化はなくなる（図 4-3 参照)。

（3） **表面粘度**

表面粘度は表面圧や表面電位と同様に，不溶性膜の生成による表面の粘度変化をあらわす。表面粘度の測定方法の略図を**図 4-7** に示した。水面上に浮かべた白金環をおもりのついた針金でつるしてねじり振子とし，その減衰振動を測定する。得られる表面粘度値は膜中の分子の充てん状態を示すもので，分子の占有面積の小さいほど表面粘度は大きくなる。**図 4-8**[3] は塩化カルシウム溶液上のステアリン酸単分子膜の表面粘度を示したもので，時間の経過とともに表面粘度は上昇するが，温度が高いほど平衡に達する時間が速い。また対照として蒸留水上の単分子膜の粘度は温度，時間の変化にかかわらず一定であることがわかる。

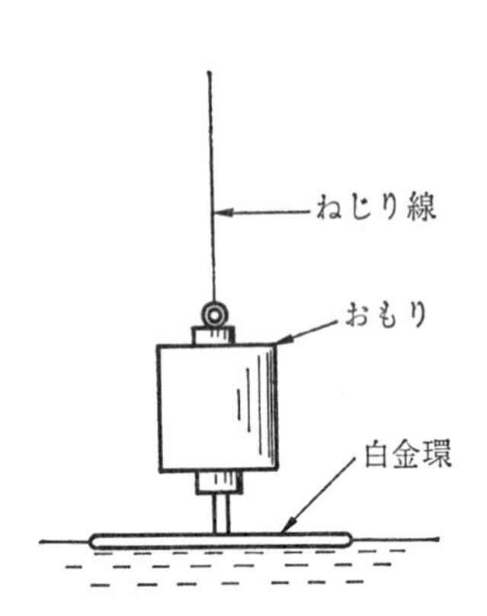

図 4-7　表面粘度測定装置

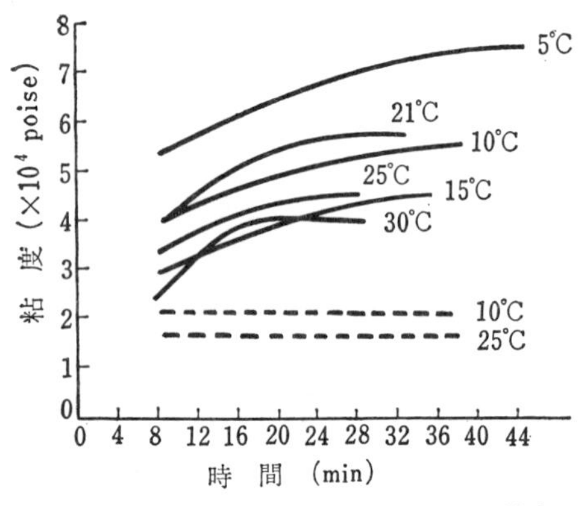

図 4-8　ステアリン酸単分子膜の表面粘度
30 Å², pH 5.2
実線：M/2000 $CaCl_2$ 水溶液
点線：蒸留水

4・2 二分子膜

A. セッケン膜

幼い頃のシャボン玉遊びは誰しも経験した楽しい思い出である。シャボン玉の表面をよく観察してみると，初め無色であったものが次第にいろいろな色の縞模様が現われては消えてゆき，やがて表面に黒い円形のはん点が現われ，これが広がり出すと同時にシャボン玉は崩れてしまう。この黒い部分の膜を**黒膜**(black film) と呼んでいる。これはセッケン分子によってできているシャボン玉の膜の膜厚が次第に薄くなってゆき，光の波長と同程度(0.3〜0.8μm) の厚さになったために現われる干渉色である。膜がさらに薄くなると，膜の両面からの反射光が互いに打消しあい，そのために膜は黒く見える。黒膜部分は超薄膜になっていて，その厚さは約5 nmである。これはセッケン分子の長さのちょうど2倍に相当する。したがってセッケンの単分子膜が2枚重なったような状態であるから，黒膜は二分子膜と考えられる。**図 4-9** はセッケン膜の黒膜のモデルである。外側は空気であるから，親水基どうしが向いあい疎水基を空気側に配向している。ところで，普通のセッケンの主成分は長鎖脂肪酸塩である。セッケン分子が水の存在下でどのような配列構造をとるかは，古くから研究されている。例えば，**図 4-10**[4] は，パルミチン酸カリウムと水との関係をいろいろの温度でX線回折を測定し，それぞれの条件下における分子配列を調べたものである。いま，100℃で水分(%) を増加させてゆく際の，セッケン水の状態の変化をみると，初めゲル状態から，水分が30%程度の条件ではニートセッケン (neat) と呼ばれる状態になる。この時のX線回折によるセ

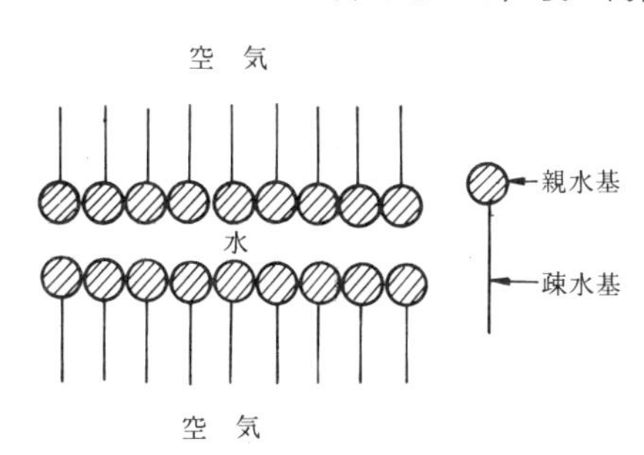

図 4-9 セッケン膜の黒膜（二分子膜）

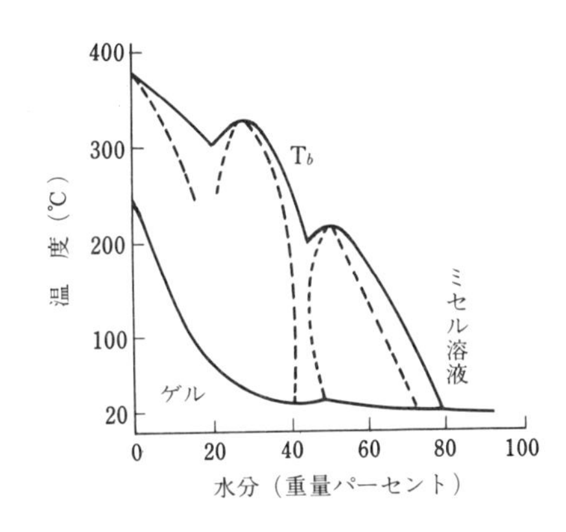

図 4-10 パルミチン酸カリウムと水の系の状態図
(McBain & Lee, 1943)

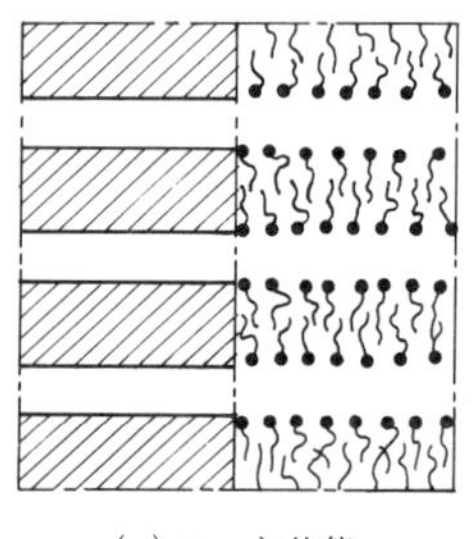

(a) ニート状態

(b) ミドル態

図 4-11 パルミチン酸カリウムと水の系の構造
(Luzzati & Husson, 1962)

ッケン分子の配列は，丁度平らな板を重ね合わせたような構造（ラメラ構造，lamellar）をなしている（図4-11(a)）。この一枚の板は2分子の脂質が一層に並んだと考えられており，脂質二分子層と呼ばれている。板の表面は親水基（または極性基）で覆われていて，板と板の間には水分子が存在し，板の厚さは約 2.5 nm と考えられている。水分が60％ぐらいではミドル（middle）セッケンと呼ばれる状態に変わり，その内部構造はセッケン分子が極性基を外側に向けて円柱状に詰められた状態となる（図 4-11(b)）。さらに水分を増して80％ぐらいになると，数十のセッケン分子は極性基を外に出して集合し，球状構造（ミセル構造，p. 44参照）を形成して水中に分散された状態になる。

図 4-11[5] の(a)，(b) からわかるように，分子の非極性基（または親油基，ここではアルキル基）はつねに非極性部分と接しており，また極性基はいつも水と接している。これは親油基が水と接するのを嫌い，排除しようとするもので，その結果親油基どうしが集合する。このような性質を疎水性相互作用とよんでいる。

普通の状態では，水と油は混合してもいずれは水は水，油は油と互いに分かれて分離する。物の状態の進む方向を知るには，自由エネルギーの変化から判断できる。自由エネルギーは（G），温度（T），エントロピー（S）とエンタルピー（H）によって決められる物理量であり，次のような式で表わされる。

$$G = H - TS$$

ところで，自然界の現象というものは常に自由エネルギーが減少する方向に進行する。すなわちエンタルピーは減少する方向に，エントロピーは増加する方向に変化する。いま，**表 4－1** に炭化水素を水中に移したときのエンタルピー，エントロピーおよび自由エネルギーの変化を示した。

表 4－1 炭化水素を水に移すときの熱力学関数の変化

	ΔH(kcal/mol)	ΔS(e.u.)	ΔG(kcal/mol)
メタン	−2.8	−18	+2.6
エタン	−2.2	−20	+3.8
プロパン	−1.8	−23	+5.1
ブタン	−0.8	−23	+5.9
ベンゼン	+0.58	−13.5	+4.1

e.u.はエントロピー単位で，(cal/mol・deg)

この結果によると，エンタルピーは減少しているが，エントロピーは大きな負の値を持っており，自由エネルギーは増加している。このことは自然界の現象に反しており，放っておけばいずれ炭化水素（油）と水は分離することになる。エントロピーとは物の無秩序の度合を示す尺度と考えられるから，炭化水素（油）と水の分子がバラバラに混じり合う方がエントロピーは増大してもよさそうであるが，実際には逆に減少している。

その理由は炭化水素（油）が水中にあると，油分子の周囲にある水分子は氷状の構造をとり，その運動が束縛されてエントロピーが著しく減少することに由来する。薄いセッケン水中のセッケン分子の親油基のまわりにも水分子が構造化してエントロピーが減少している。セッケン分子同士が集ってミセル構造をつくれば，構造化していた水分子が解放されてエントロピーは増大する。このように水の中でセッケン分子がとる構造を決める原理は，水と油の相互作用によるエントロピーの変化が重要な役割をしているといえよう。

B．脂質二分子膜・リポソーム

生命現象の源である生物の細胞膜の基本構造は，脂質の二分子膜でできていることがわかっている。細胞膜だけでなくいろいろな生体膜は，例えばレシチンのようなリン脂質の二分子膜を骨格として，その両側に水溶性のタンパク質

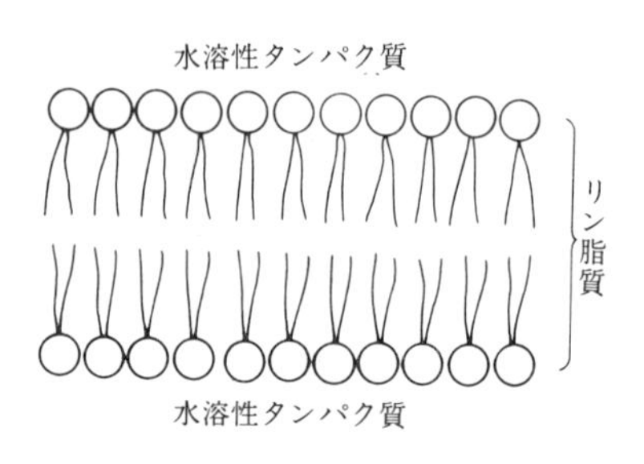

図 4-12　リン脂質二分子膜モデル

が脂質の内部，あるいは表面に点在しているような構造をしている。リン脂質は構造的に外部の水相には親水基を，内部には親油基を配向することができる。脂質二分子膜は先のセッケン膜と同じ二分子膜であるが，親水基と親油基の向きが逆になっていることと，リン脂質には2本の親油基を持っている点が異なっている。図 4-12 はリン脂質二分子膜（phospholipid bilayer）のモデルを示したものである。

1960年代の中頃，イギリスの Bangham は膜構成成分の1つであるリン脂質のみを単離し，これを再び水中に分散させると，閉鎖型の小胞体（ベシクル，vesicle）を形成することを見出した[6]。このベシクルを脂肪のリピドの意味の lipo と細胞体の soma との合成語としてリポソームと呼んでいる。前述のように，リポソームを構成する材料は主として天然由来の脂質で，例えばレシチン（またはホスファチジルコリン），スフィンゴミエリン，ホスファチジルセリン，ホスファチジルグリセロールなどが利用されているために，生体適合性，毒性，免疫性などの点についてはほとんど心配の必要がないが，力学的強度に欠けるなどの性質も同時に持っている。

（1）　リポソームの種類と主な調製法

リポソームはその形態により通常3つのタイプに分けらている。すなわち脂質二分子膜が層状に何枚も重なっているような多重層リポソーム（multilamellar vesicle, MLV, 0.3～10μm）と，二分子膜1枚だけから成る小さなリポソーム（small unilamellar vesicle, SUV, 0.025～0.1 μm），そして径の大きな二分子膜1枚からなる大きな単層リポソーム（large unilamellar vesicle, LUV, 0.2～2.0 μm）である。これらのモデルを図 4-13 に示した。

3種類のリポソームはその形態の違いによって，それぞれ長所，短所をもっている。MLV は調製法が簡単でかつ緩和な条件下でできるため，封入物が制限されず，また膜が多層であることもあって，一般に単層リポソームより安定である。しかし調製されるリポソームの大きさや形が不均一であり，高分子を

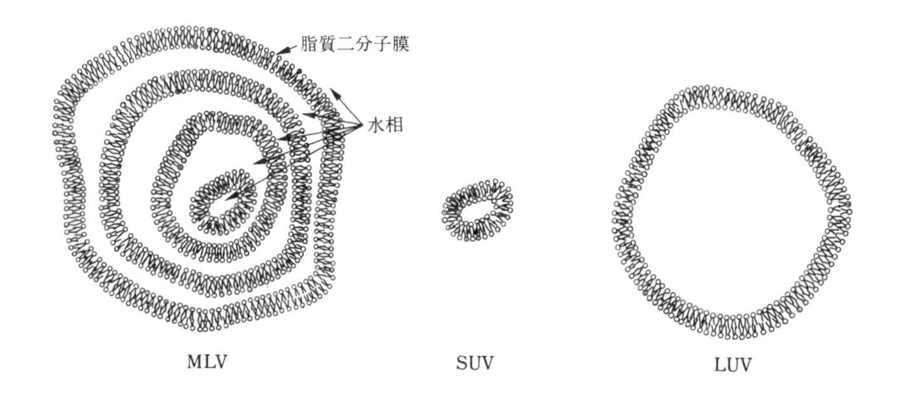

図 4－13 リポソームのモデル図

保持しにくい。SUV は大きさ，形が比較的均一に調製されるが，径が小さいためにリポソーム1個当りの封入できる物質量は極めて少なく，さらにリポソームどうし再融合しやすい。LUV はリポソームのなかで，単位脂質当りの水相保有容量および保持効率もよいが，大きさが不均一であり，径が大きくなるほど不安定である。

このように各種のリポソームは，それぞれ特色を持っているから，リポソームの調製にあたっては，その目的や用途をふまえてその方法を検討する必要がある。

最も基本的なリポソームの調製法は，Bangham による薄膜法，vortexing 法，または hydration 法と呼ばれるもので，多重層リポソームの調製に利用されている。これはリン脂質をクロロホルムなどの有機溶媒に溶解し，エバポレーターを用いて溶媒を減圧除去すると，フラスコ底部の壁面に脂質の薄膜が形成される。これに水または水溶性溶媒を加えて振とう膨潤させてから，さらに vortex ミキサーを利用して，機械的に振とうし薄膜を壁面からはがしてやると，多重層リポソームを含む懸濁液ができる。もし必要なら，さらにこのミルク状の懸濁液に超音波を照射すれば，小さな一枚膜のリポソームを得ることができる。**図 4－14** はこの薄膜法の過程を示したものである。

リポソームの調製の基本的な材料であるリン脂質は，親水基と親油基を同時に分子中にそなえている両親媒性であるために，調製されたリポソームも

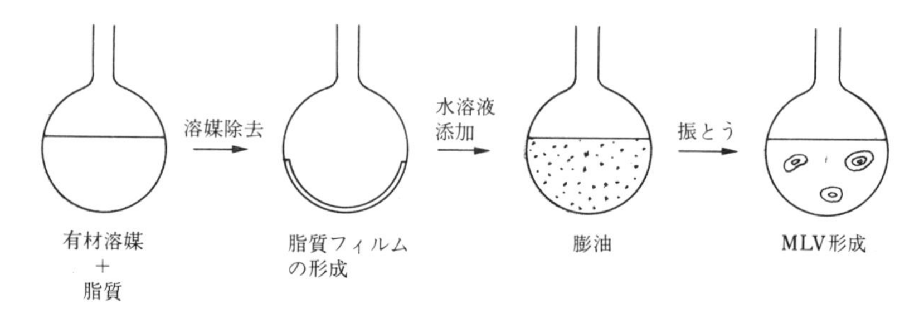

図 4-14　多重層リポソームの調製法（Bangham）

両親媒性である。したがって親水性および親油性物質のいずれをも，リポソーム内に封入することができる。すなわち，水溶性物質はリポソームの内水相領域に，また油性物質ならば二分子膜の間の親油領域にとりこむことができる。

（2） リポソーム膜の性質

（a） 相　転　移

一般に純粋な有機化合物の結晶を加熱すると，その物質に特有の温度で融解して光学的に等方な液体となる。しかしリン脂質では，真の融点よりも低い温度で溶け始め粘調な液体に変わる。この温度を相転移点（T_c）と呼んでいる。この状態は液体と結晶の中間の性質を持つことから液晶（liquid crystal）または中間相（mesophase）といい（p. 72 参照），T_c と真の融点の間は液体であっても光学的異方性を示している。T_c 温度以下で炭化水素鎖は規則的な配列を示すゲル相であり，T_c 以上で自由に運動可能な状態であるために，ゲル相では膜は固く液晶相では流動性に富んでいると考えられている。**図 4-15** はリポソームの相転移のもようを示したものである。

ゲル状態から液晶状態への相転移の難易は，基本的に炭化水素鎖間の凝集力の大きさに関係すると考えられているから，炭化水素鎖の構造に応じて変化することが予想される。すなわちアルキル鎖の長さ，不飽和結合の有無，およびその分子中での位置などである。**表 4-2** は種々のリン脂質よりなるリポソーム相転移温度を示したものである。

このように相転移は温度によって誘起される。これを熱誘起型相転移（ther-

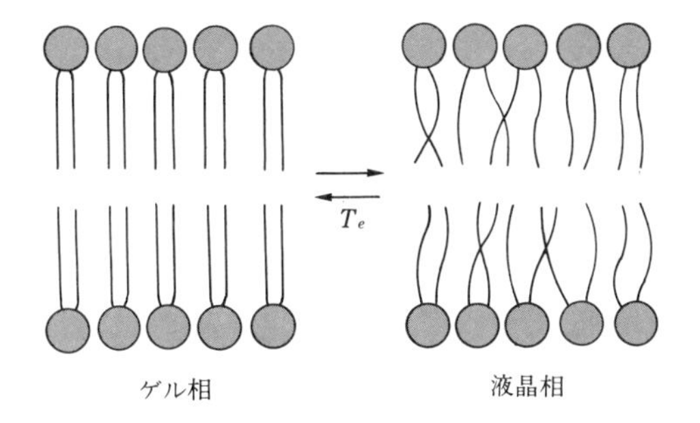

図 4－15　リポソーム膜の相転移

motropic phase transition）という。またこの種の相変化はイオンや外部の環境の変化によっても誘起されることが知られている。

表 4－2　種々のリン脂質よりなるリポソームの相転移温度（℃）

	ジミリストイル ($C_{14:0}$)	ジパルミトイル ($C_{16:0}$)	ジステアロイル ($C_{18:0}$)	ジオレオイル ($C_{18:1}$)
ホスファチジルコリン(レシチン)	23.9	49.5	54.9	－22
ホスファチジルエタノールアミン	49.5	63		
ホスファチジルセリン	36.8（pH 6.8以上） 54.6（pH 3.8以下）			

（b）相　分　離

2種以上のリン脂質からなるリポソームの性質は，単一のリン脂質からなるリポソームの場合とは異なる場合が多い。いろいろなリン脂質が混在すると，膜の熱的性質はどうなるであろうか。いまジミリストイルホスファチジルコリン（DMPC）とジパルミトイルホスファチジルコリン（DPPC）の混合系について得られた状態図を**図 4－16**[7] に示した。

図中 T_L は液晶線を，T_G はゲル線を示している。またLは液晶状態の領域，Gはゲル状態を，そして（G＋L），すなわち T_L と T_G のあいだでは液晶相とゲル相が共存する相分離の状態にある。相分離によってリン脂質の運動性は影響を受け，“固さ”の異なった部分が膜中に混在することになる。このような状態を相分離（phase separation）と呼んでいる。一方，ホスファチジルコリンのような中性リン脂質の極性基は電荷が中和されているので，媒体中のイ

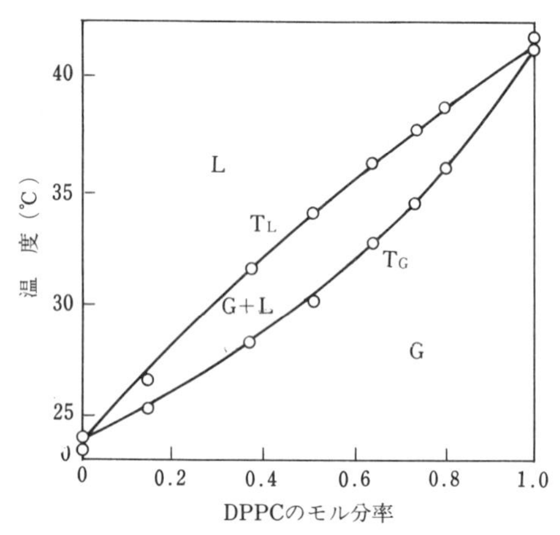

図 4-16 ジミリストイルホスファチジルコリン (DMPC) とジパルミトイルホスファチジルコリン(DPPC) よりなるリポソームの状態図
G, Lはそれぞれゲル相, 液晶相, (G+L)はゲルと液晶の混在相
(Mabrey & Sturtevant, 1976)

オンの影響を受けにくい。これに対して酸性のリン脂質を含む膜では，周囲の環境に鋭敏に応答し，その結果膜の構造や性質が著しく変化する。カルシウムによる相分離は，ホスファチジルコリンとホスファチジルセリンの混合二分子膜について見いだされている。このようなイオンによる相分離を，さきの熱誘起型に対して，イオン誘起型相分離 (ionotropic phase separation) と呼んでいる。図 4-17[8] はカルシウムイオンによるイオン誘起型相分離の模式図である。

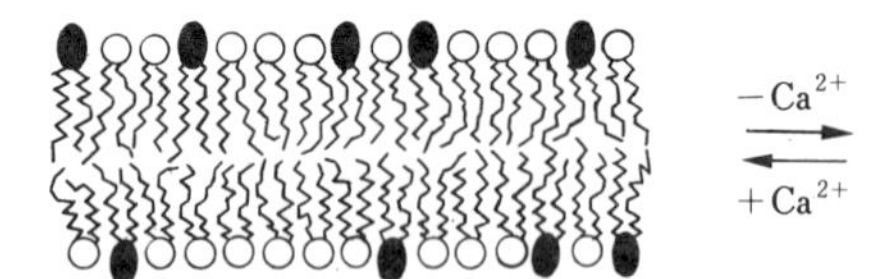

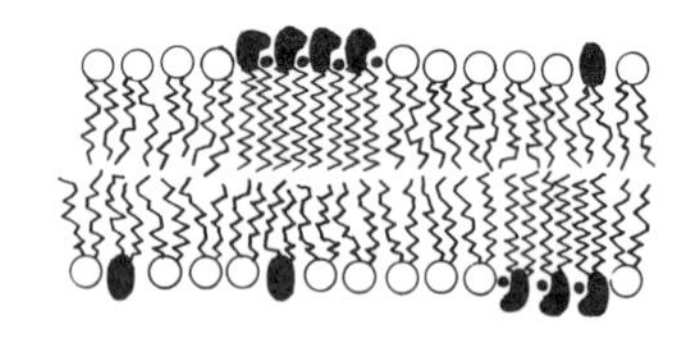

●：セリン　　○：コリン

図 4-17 Ca^{2+} によるホスファチジルセリン-ホスファチジルコリン混合膜の相分離（模式図）
(黒い極性基はセリンを，白丸はコリンを表わす。Ohnishi, 1976)

（c） リポソーム膜中におけるリン脂質分子の運動

1970年代に入って，いろいろな機器分析の手段を応用することにより，リポソームの脂質分子が種々の分子運動をしていることがあきらかにされてきた。McConnell や Trauble らはスピンラベル法を利用して，同一の脂質層内で脂質分子が横方向に速やかに拡散してゆくことを初めて実証した。これを並進拡散または側方拡散 (lateral diffusion)（図 4-18）と呼んでいる。膜内でリン脂質分子が拡散する過程は，隣接するリン脂質分子が互いに位置を交換するか，あるいはリン脂質の抜け穴があって，そこへ移動するものと考えられている。

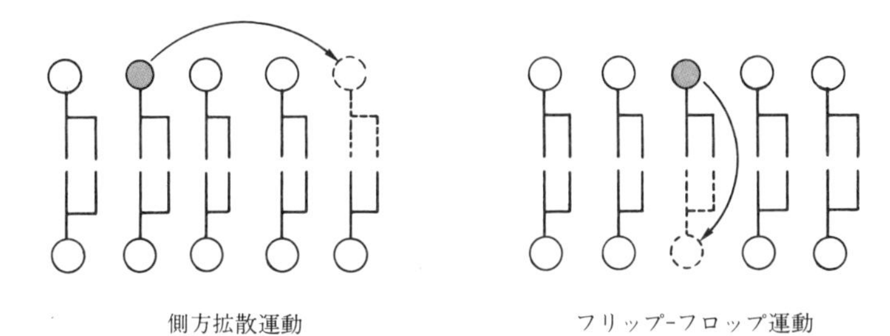

図 4-18 膜中におけるリン脂質のモデル

しかしながら，側方拡散運動は膜の状態，すなわち膜脂質の相転移により大きく影響される。**図 4-19**[9] は脂質二分子膜の相転移と側方拡散運動との関係を示したものである。膜脂質が液晶状態から結晶状態（またはゲル状態）に転移すると，相転移点（T_c）において拡散速度は急激に減少する。液晶状態での

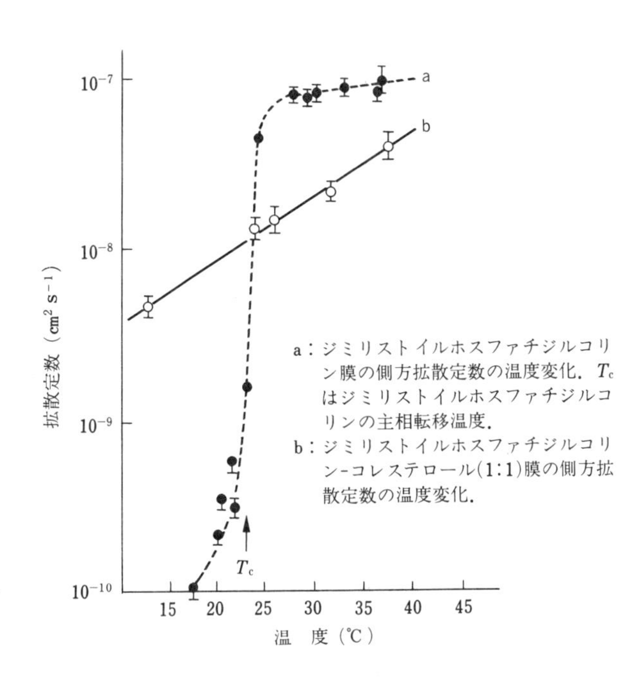

図 4-19 脂質二重層膜の相転移と側方拡散運動
(Wu, Jacobson & Papahadjopoulos, 1977)

拡散定数が約 $10^{-7}\,\mathrm{cm^2\,s^{-1}}$ のオーダーであるから，結晶状態では3桁ちかくも低下したことになる（図4-19(a)）。

しかしコレステロールが（1:1）の等モル存在すると，拡散定数の変化は測定温度に対して直線的に依存していることが判る。このことはコレステロールは結晶状態では拡散を速くし，液晶状態では拡散を遅らせる効果があることを示している（図4-19(b)）。

いまみたように脂質分子は，膜内を横方向に速やかに動くことができる。それでは膜を横切るような縦の拡散運動についてはどうであろうか。Kornburg と McConnell はこの種の拡散運動がリポソームで起き得ることを見いだした。その方法は極性基にニトロキシド基を有する脂質を用いて，ホスファチジルコリンと共にリポソームを調製し，外層に面しているニトロキシド基を還元剤で消去する。一方，内層にあるニトロキシド基は還元されずにそのまま残るので，経時的に内外層のニトロキシド基の量を測定した。その結果，内側から外側にニトロキシド基が拡散してくることがわかった。このようにリン脂質分子の二重層の一方から他方に移動する運動をフリップ-フロップ（flip-flop，とんぼがえり）運動または，縦断拡散（transverse diffusion）運動と呼んでいる。フリップ-フロップ運動はきわめて遅く，約10時間から数日を要する。一対のリン脂質分子の移動は，極性基の疎水領域の通過という大きな障害を越えなければならず，これが活性化エネルギーを高くし，この過程を遅くしている原因と考えられている。しかし膜中にタンパク質が存在すると，フリツプ-フロツプ運動は速くなることが知られており，相変化によって当然大きな影響を受ける。図4-20[10] はリポソーム膜における脂質分子のフリップ-フロップ運動

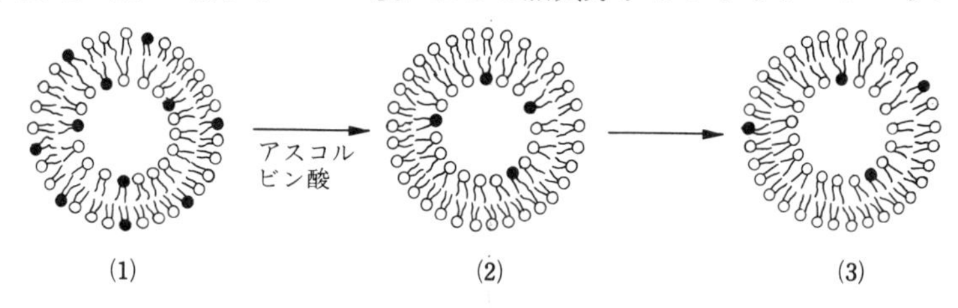

図 4-20　リポソーム膜における脂質分子のフリップ-フロップ運動
(●)は極性基にニトロキシド基を有する物質
(Kornburg & McConnell, 1971)

の過程を模式的に示したものである。

(3) リポソームの利用

(a) 薬剤キャリヤーとしてのリポソーム

リポソームは天然由来脂質の分子集合体である。したがって，生体適合性，毒性，免疫性，生体内分解性などの問題についてはほとんど心配の必要はない。しかし，これが逆に欠点ともなり，酵素的，化学的安定性および機械的強度がきわめて低い。この欠点を克服するために多くの努力が重ねられてきた。事実，1960年代の中期にリポソームが生み出されたのとほとんど同時にリポソームを薬剤キャリヤーとして利用する試みが開始され，それ以後膨大な研究が蓄積されてきている。それにもかかわらず目星しい成功例はまだほとんど見られないのが現状である。ここでは成功例の１つをあげてみる。この例では多糖誘導体がリポソームの補強に利用され，この多糖誘導体は同時に薬剤を必要とする標的細胞への指向性をあわせもっている。

植物細胞や細菌では細胞膜（脂質二分子膜）の外側にさらに細胞壁があって外部刺激から細胞を保護している。細胞壁を構成する物質は植物細胞ではセルロース，細菌ではポリグルカンのような多糖構造を骨格とする高分子である。これにヒントを得て卵黄レシチンリポソームの外表面を天然由来のデキストラン，アミロペクチン，マンナンなどの多糖類に長鎖アルキル基を導入した化合物で被覆した薬剤キャリヤーが砂本と共同研究者によって調製された。

標的指向性薬剤キャリヤーとして最も重要な情報は生体投与時の臓器分布である。^{14}C-コエンザイム Q_{10} を二分子膜中に，^{3}H-イヌリンを内水相にそれぞれカプセル化した二重ラベル化リポソームを用いてモルモットに静注したときの組織分布を**表 4-3**[11]に示す。この表から明かなようにマンナン被覆リポソームはきわめて高い肺指向性を示している。マンナン被覆リポソームが血流中で好中球や単球に効率よく貪食されること，これらの食細胞が組織に移行してマクロファージになること，またマクロファージ膜にマンノース認識レクチンが存在すると示唆されていることを総合判断すると，マンナン被覆リポソームの高い肺指向性はリポソーム表面の糖鎖の分子認識機構によるものと考えられる。

リポソームは生体系に投与されると，そのほとんどが網内系に集まり，食細胞に貪食される。これはリポソームの最大欠点であるが，逆にこれを利用する

表 4-3 リポソーム静注30分後の ^{3}H-イヌリンおよび ^{14}C-CoQ$_{10}$の臓器分布

	全投与量に対する各臓器での放射活性比(%)			
	コントロール LUV		マンナン被覆 LUV	
	^{3}H-イヌリン	^{14}C-C$_{0}$Q$_{10}$	^{3}H-イヌリン	^{14}C-C$_{0}$Q$_{10}$
脳	0.08±0.003	0.09±0.01	0.10±0.03	0.13±0.03
心 臓	0.37±0.12	0.43±0.09	0.20±0.00	0.25±0.04
肺	3.1±0.9	30.9±6.8	34.9±3.0**	67.1±4.3*
脾 臓	7.0±1.1	10.8±3.8	1.4±0.2**	2.8±0.3
肝 臓	4.5±0.2	22.2±1.6	10.3±0.7**	24.3±1.5
腎 臓	2.3±0.3	0.6±0.09	6.8±3.3	0.4±0.06
副 腎	0.02±0.006	0.03±0.006	0.009±0.009	0.01±0.00

*コントロール LUVと顕著な差がみられる。Student's t-test P<0.05

**コントリール LUVと顕著な差がみられる。Student's t-test P<0.01

(砂本順三, ファルマシア, **21**, 1229(1985))

ことができる。すなわち, 免疫賦活剤, インターフェロン産出誘起剤, 抗生物質などの薬剤運搬では, むしろいかにこれらの薬剤を効率よくマクロファージに搬入するかが問題である。砂本らの開発した多糖被覆リポソームはこの意味からもきわめて有意義である。実際, 種々の抗生物質を封入した多糖被覆リポソームはヒト単球中で増殖するレジオネラ肺炎病原体, ブドウ球菌などに対して極めて高い殺菌活性を示す。

(**b**)人工赤血球

ヒト赤血球表面には血液型をきめる物質 (抗原) があり, 血清中には他の血液型の抗原と反応する抗体があるので, 輸血の際には受血者と供血者の血液型が適合しないと生命がおびやかされる。血液型にはＡＢＯ方式による分類以外にも多数の分類が知られており, 緊急に多量の輸血をしなければならない場合に, 受血者の血液型がわかっていてもその血液型に適合する輸血用赤血球がいつも十分に供給できるとはかぎらない。さらに, 他人の赤血球を輸血されるためにいろいろの病気に感染するおそれがある。こんなときに血液型のない人工的な赤血球があれば好都合である。

赤血球膜は脂質二分子層を主要な構成要素としており, 柔軟性に富むため, 赤血球は自由に変形して微小な毛細血管さえも通過できる。さらに, 表面には糖タンパク質由来の *N*-ニューラミン酸側鎖をもつため, 生理的条件下 (pH 7.4) では *N*-ニューラミン酸のカルボキシル基の解離によって赤血球表面に負電荷を与えて凝集を防止している。その構造からみてリポソームは人工赤血球としてかなり期待がもてる。しかしながら，実際にはヘモグロビンのような粒状タンパクの質の濃厚水溶液を封入したリポソームを調製することは難しく，かりに調製できたとしても血液中のタンパク質の作用で崩壊してしまう。したがって，リポソームを何等かの手段で補強する必要がある。

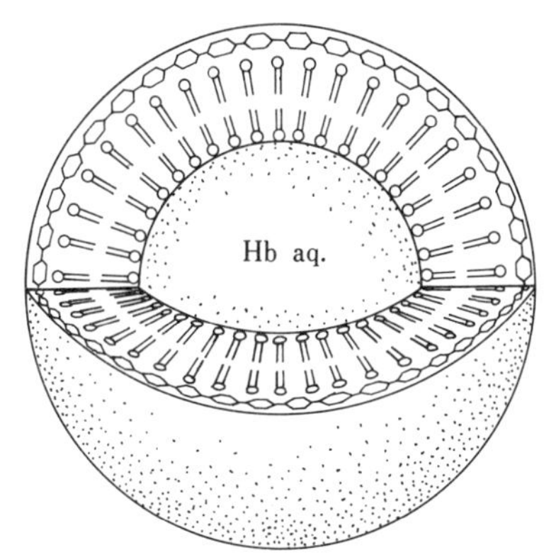

図 4-21 リポソーム型人工赤血球の構造模式図

図 4-21[12] はこのような考えのもとに調製された人工赤血球の模式図であって，ヘモグロビン水溶液滴が卵黄レシチン二分子層で囲まれ，さらにその外側をカルボキシメチルキチンで被覆された構造をもっている。カルボキシメチルキチンはエビ，カニなどの甲殻類の外殻から抽出したキチンをクロロ酢酸でカルボキシメチル化して水溶性を与えた天然高分子で，アセチルグルコサミンが重合した構造をもっている。そのため，この人工赤血球表面は天然赤血

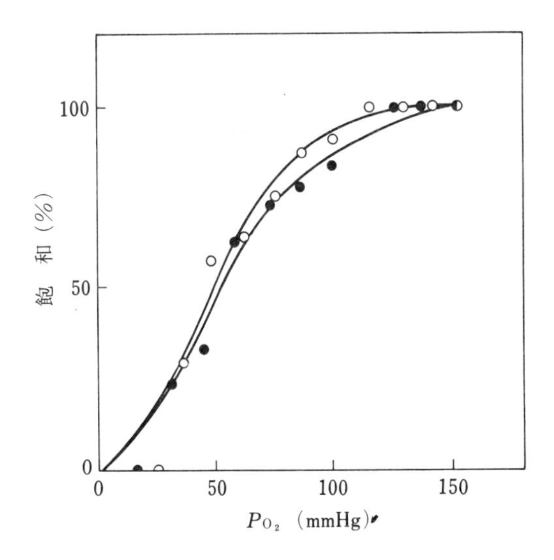

図 4-22 リポソーム型人工赤血球（-●-）と溶血液（-○-）の酸素飽和曲線

球表面によく似た性質を示す。

赤血球の重要な性質の1つは酸素運搬で，その能力は酸素分圧を変化させたときの赤血球の酸素吸収能力によって評価される。**図 4-22**[13] は人工赤血球と溶血液（天然赤血球の中味）の酸素吸収能力を比較したものであるが，両者の酸素吸収の様子はたがいによく似ていることがわかる。

リポソームを利用した人工赤血球はいろいろの事情からまだ実用化されていないが，近い将来かならず実用化が可能となるものと期待される。

4・3 多分子膜

1935年**ラングミュアー**（Langmuir）と**ブロージェット**（Blodgett）[14] は水面上に広がった単分子膜に，一定の表面圧を加えながら，膜面を通過する清浄な固体板を垂直に上下させることによって，膜を任意の層数だけ固体板上に移しとる方法を考案した。こうして得られた多分子層膜を累積膜（built-up-film）と呼んでいる。多分子層の厚さが一定の間隔で規則正しく，しかも任意に変えられるために，例えば葉緑体や視覚細胞また生体における層状組織体のモデルとして，きわめて重要な意味をもっている。また固体表面における吸着層の理想化されたモデルとして，「ヌレ」や潤滑作用などの基礎的研究にも利用される。

累積膜は固体板の操作方法によって3つの型の膜が形成される。**図 4-23** はブロージエット法による膜形成の過程を示したものである。

第1の型は板を下降したときにのみ膜が疎水基を板に向けて付着する膜で，この膜をA膜と名づける。板を上昇させる際には膜は付着せず，再び板を下降させる時にA膜が付着する。この操作を続ければA・A・A……型の膜が累積してゆく。この型の膜をX膜という。第2の型は板を下降，上昇ともに膜が付着するもので，下降の際にA膜が上昇のときにB膜が，親水基どうし疎水基どうしが向い合って，A・B・A・B……型の膜が累積してゆく。この型の膜をY膜と呼んでいる。第3の型の膜はB・B・B……型の膜が累積するものでZ膜といわれるが，まれにしかできない。固体板上に何型の膜が付着するかを判定する目安は，固体面と膜でおおわれた水面との接触角で，もし接角触が前進角，後退角とも鈍角ならばX膜，前進角が鈍角で後退角が鋭角ならばY膜，ともに鋭角ならばZとなる。

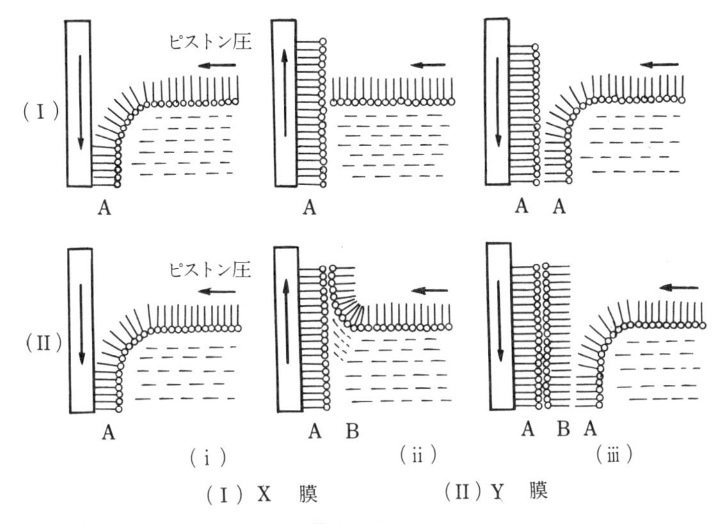

図 4-23 垂直浸せき法 (LB 法) による多分子膜の形成過程

シャボン玉は時々刻々といろいろな美しい色を呈するが，それはシャボン玉の膜の厚さ，すなわち膜を構成する層の数が変化してゆくためである。そこで累積膜の層数を人為的に変えて，種々の層数をもった階段状の累積膜を作ってやると，一連の美しい色帯となって現われる。**図 4-24** は累積膜の層数と干渉色との関係を示したものである。

層数	33	35	37	39	41	43	45	4	49	51	53	55
色	淡黄	黄	橙黄	橙	朱	赤	赤紫	紫	青	淡青	青緑	緑

図 4-24 累積膜の層数と干渉色

4・4 マイクロカプセル

マイクロカプセル (microcapsule) とは非常に小さい容器を意味する言葉である。この小さい容器の壁または膜を作る材料はなんでもよいが，主に天然および合成高分子であり，容器中に入れることができるものは固体，液体または気体のどれでもよい。この容器すなわちマイクロカプセルの大きさはナノメーター ($nm=10^{-9}$ m) からミリメーター ($mm=10^{-3}$ m) の範囲のものがある。この容器の内部に封じ込まれた物質は芯物質または核物質と呼ばれ，外部から

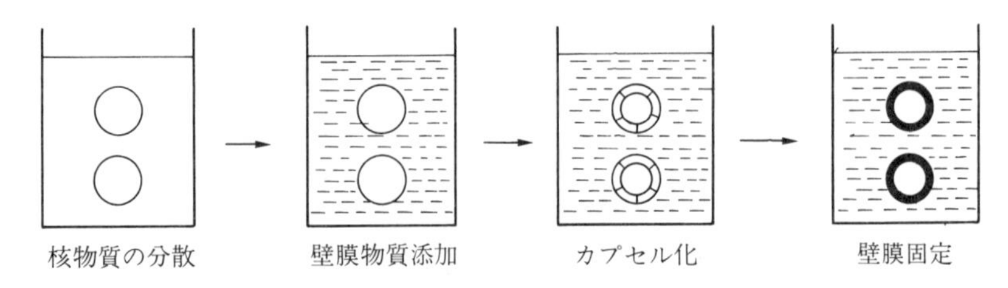

図 4-25　一般的なマイクロカプセル化の順序

保護され，またそれが外部環境に放出される時期，場所，速度は，壁の材料や厚さなどを変えることによって，自由に調節する事ができる。

表 4-4　マイクロカプセル化法の分類

化学的方法	界面重合法 不溶化反応法
物理化学的方法	相分離法 界面沈殿法
物理的方法	噴霧乾燥法 流動床法

A.　マイクロカプセルの主な調製法

マイクロカプセルを作る基本原理は，芯物質を適当な方法で微粒子状にして媒質中に分散する。次いで微粒子のおのおのに膜をかけて被覆する（図 4-25）。これには多数の調製方法が考案されているが，大別すると化学的方法，物理的方法および物理化学的方法となる（表4-4）。

これらの中で代表的な調製方法である界面重合法と相分離法の原理を紹介する。界面重合法は1959年にモーガン（Morgan）を中心とする Du Pont 社の研究者によって開発された界面重縮合反応を利用した調製法である。すなわち，ジアミンやジオールのような反応性水素原子を分子中に少なくとも2個以上持っている化合物を溶解している水溶液と，酸ジクロリドを含む，水と混和しない有機溶媒が接触すると，2つの液相の界面付近で，速やかに不可逆的な重縮合反応が起きることを利用したものである。界面重縮合反応は反応性の高いモノマーを使用しているので，常温，常圧でも反応速度は非常に大きく，かつ生成した高分子の分子量も50万以上である。この方法は反応の性質上，芯物質は液体であることが望ましいが，水相であっても油相であっても利用することができる。

調製の過程で液体の芯物質をこれと混和しない他の液体中に，適当な方法で分散，乳化するので，得られたマイクロカプセルは球形をしている。また，カプセル膜の厚さは使用するモノマーの濃度や，反応条件によっても変化するが，他の方法で得られたマイクロカプセルの膜厚に比べるとずっと薄く，およそ数十 nm から数百 nm の範囲にある。この方法を利用したものの1つに，ポリ(L-リジン-alt-テレフタル酸）マイクロカプセルの調製がある。

一方，相分離法は感圧複写紙を開発する過程で，グリーン（Green）らを中心とするNCR社の研究者によって開発された。この方法の基本的な原理は，高分子溶液における高濃度と低濃度の2つの溶液への相分離現象である。この現象はコアセルベーション（coacervation）と呼ばれ，オランダの Bungenderg de Jong によって見いだされた現象である。いま高分子を良溶媒に溶かし，溶液の温度を下げたり，貧溶媒を加えたり，あるいは第三の物質を添加すると，溶液からその高分子の濃厚溶液の滴が分離してくる。これがコアセルベーションの現象で，分離してきた高分子の濃厚溶液の多数の小滴（コアセルベート，coacervate）のために，系全体が白濁してみえる。一般に，ポリカチオンとポリアニオンを水溶液中で混合すると，もし両種の高分子間の静電気的相互作用が，化学量論的組成をもつポリイオンコンプレックスを作って沈殿するほど強くなければ，高分子イオンの全濃度の小さい領域でコアセルベーションが起きる。この間の事情は図 4-26 の相平衡図によって示される。例えば，ゼラチ

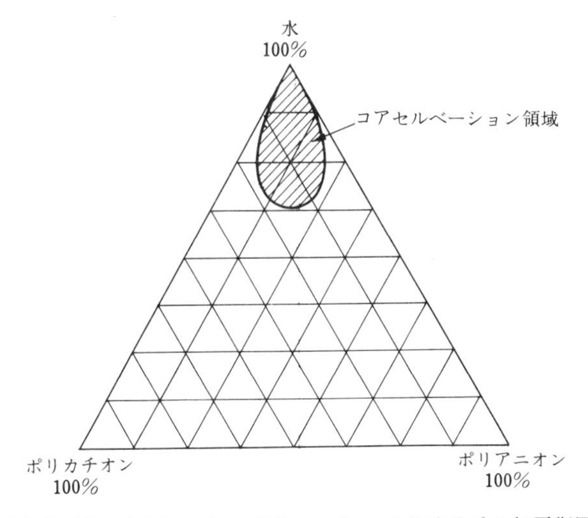

図 4-26 ポリカチオン-ポリアニオン-水3成分系の相平衡図

ンとアラビアゴムはともに弱い電解質で，両方のイオン間の静電的相互作用はポリイオンコンプレックスを作るほど強くないので，ゼラチンの等電点以下のpH，ゲル化点以上の温度の溶液中で，ゼラチンの正電荷とアラビアゴムの負電荷の総量が等しければ，全高分子濃度の大きくない領域で相分離現象がみられる。実際には，高分子溶液中にあらかじめ不溶性の芯物質を分散しておき，次いで高分子濃度，温度，pH などの変数をコアセルベーションが起こる領域に調整するとコアセルベート滴が生成し，芯物質粒子の表面に集まってマイクロカプセルの原型ができる。調製されたマイクロカプセルを貧溶媒で十分に洗浄すれば，高分子の壁膜が不溶化される。この方法を利用した代表的な例として，含オリーブ油ゼラチンアラビアゴムマイクロカプセル[15)]がある。**図 4-26**はポリアニオン-ポリカチオン-水の3成分系の相平衡図を示したものである。

B.　マイクロカプセルの性質

(1)　膜透過性

マイクロカプセル膜は半透過性であり，高分子物質は透過させないが低分子物質は良く透過させる。芯物質がマイクロカプセル膜の外部に溶出する律速段階は，マイクロカプセル膜を通じての芯物質の拡散である。マイクロカプセル膜の溶質透過性がいかなる要因によって影響されるかを知ることは膜透過性を検討するうえで重要である。

溶質がマイクロカプセル膜中を透過する機構には次の2つがある。1つは膜中の水で満たされた細孔中を溶質分子が拡散するもので，水溶性の大きい溶質がこの機構で拡散する。もうひとつは，膜の実質部分の高分子マトリックス中に溶質が溶解して拡散するもので，水に難溶性の溶質はこの機構によって膜透過する。いま単位時間に膜を通じて拡散する溶質のモル数を $\mathrm{d}Q/\mathrm{d}t$，マイクロカプセルの全表面積を A，マイクロカプセル内外の溶質の濃度差を ΔC，膜厚を ΔX，また膜を均一な媒質とみなしたときの比例定数，すなわち拡散係数を D_m とすると，次のような関係式が成立する。これを拡散に関するフイッ

$$\frac{\mathrm{d}Q}{\mathrm{d}t} = -D_m \cdot A\frac{\Delta C}{\Delta X} \qquad (4-6)$$

ク (Fick) の第一法則とよんでいる。

この式を一定の境界条件下で積分すれば，マイクロカプセル内部あるいは外部の溶質濃度の時間的変化を表す式が得られ，実験値を代入すれば透過係数Pが求められる。

$$P = D_m / X \qquad (4-7)$$

この式から，膜物質と膜構造が同じであり，一定の径をもつマイクロカプセル膜を通じて溶質が透過する際の透過係数は，膜厚が大きいほど小さいことがわかる。マイクロカプセル膜の溶質透過性は溶質分子の分子量，溶解度，マイクロカプセルの径，および膜密度などによって影響されることが知られている。

（2） 安定性 ―他の物質との相互作用―

マイクロカプセルが利用される場合，様々な環境に出会うことが当然の事ながら予想される。例えば，マイクロカプセルが薬物送達システム（ドラッグデリバリーシステム，drug delivery system, DDS）の手段として使用される際に，マイクロカプセル自身血液のいろいろな成分と相互作用をしても安定であり，薬物の放出終了後は崩壊ないしは分解して，体外に排せつされることが望ましい。また界面活性剤の存在する環境でマイクロカプセルを利用するときには，界面活性物質に対するマイクロカプセルの安定性を知っておく必要がある。

ところで，水溶液中で高分子イオンがそれと反対符号の電荷をもつ界面活性イオンと相互作用するとき，両者の割合が電荷をたがいに中和する程度の場合には沈殿を生じ，界面活性イオンが高分子イオンより過剰になれば，沈殿が再分散することが知られている。界面重合法で調製したポリ（L-リジン-alt テレフタル酸）マイクロカプセルは，L-リジン由来の カルボキシル基を 表面に多数持っているので一種の高分子電解質からできたマイクロカプセルといえる。したがってこのポリアミドマイクロカプセルはカルボキシル基の解離によって水中で負電荷をもつから，正電荷をもつアルキルピリジニウムイオンと強く相互作用をして，凝集したり崩壊したりする。図 4-27[16] はこの過程をマイクロカプセルのζ電位の変化から追跡したものである。

ζ電位は初め負の値をとるが，ドデシルピリジニウムイオン濃度の増加にともないゼロを通り越して正電荷に逆転する。ζ電位が正になるのは，マイクロカプセル表面にその負電荷を上回る過剰のドデシルピリジニウムイオンが吸着

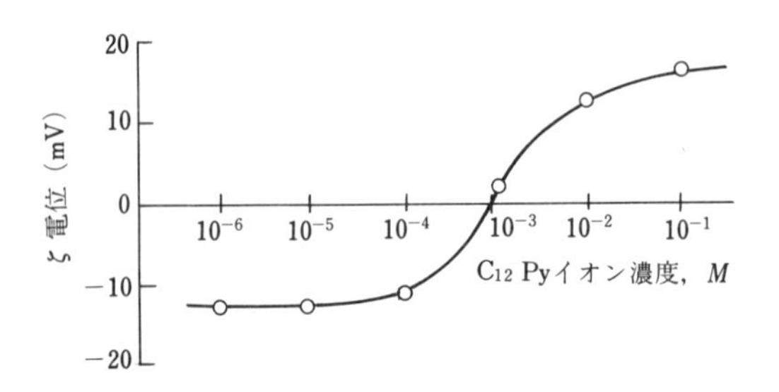

図 4-27 ドデシルピリジニウムイオン存在下におけるポリ(L-リシン-alt-テレフタル酸) マイクロカプセルのζ電位
(Suzuki & Kondo ら, 1979)

することを意味するが，マイクロカプセルの崩壊が起こるためには，さらに内部の負電荷が中和され，その上にドデシルピリジニウムイオンが吸着する必要がある。

高分子イオンでつくられたマイクロカプセルは，それと反対符号の電荷を持つ高分子イオンの作用によっても崩壊することがある。例えば，負電荷を持つポリ（L-リジン-alt-テレフタル酸）マイクロカプセルはポリ（ジアリルジメチルアンモニウム）カチオンの作用で崩壊する。図 4-28[17] は凝集，崩壊の過程を高分子陽イオンの濃度の関数としてマイクロカプセルのζ電位から示したものである。ζ電位の符号の反転はマイクロカプセルの崩壊の起こるずっと低い高分子陽イオンの濃度で生じている。このことは電荷の中和が表面から始まる事を示すもので，マイクロカプセルの崩壊には，高分子イオンがさらに吸着することが必要である。また媒質のイオン強度が高いときにのみ崩壊がみられる

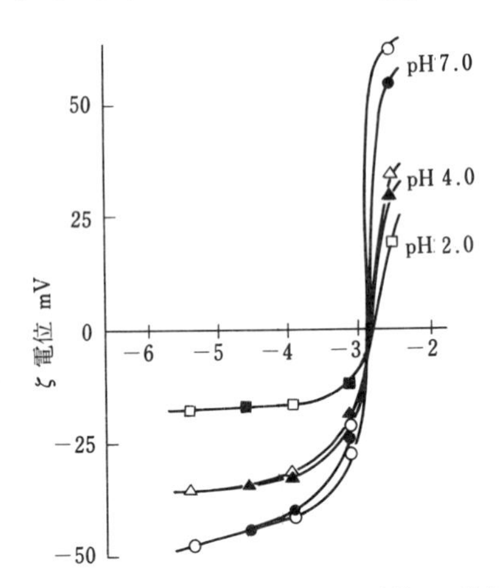

図 4-28 高分子陽イオン濃度の関数としてのポリ（L-リジン-alt-テレフタル）マイクロカプセルのζ電位
(Suzuki & Kondo, 1978)

のは，高分子イオン間の静電的相互作用が，高いイオン強度のために妨げられてイオンコンプレックスの沈殿ができないためと考えられる。

（3） 電気的性質

細胞が表面に電荷を持つように，マイクロカプセル表面の電荷状態は，マイクロカプセルの粒子径が小さくコロイド次元粒子であることから，分散安定性のうえで非常に重要な性質である。電気的に中性な高分子マイクロカプセルは，電解質水溶液中に分散しても電気泳動（p. 21 参照）しないが，もしその内部に高分子水溶液を含むと，その高分子電解質が陽イオン性か陰イオン性かによって，マイクロカプセルは陰極または陽極方向に移動する。マイクロカプセル膜は半透性であるから，高分子電解質は透過しないがその対イオンは自由に通過できるので，マイクロカプセル膜の周囲は電気二重層が形成されている（p. 20 参照）。顕微鏡下で観察した電気泳動速度から換算して，マイクロカプセル膜の表面電位が計算できる。図 4-29[18] は陽イオン性高分子電解質を含むポリ(1, 4-ピペラジン-alt-テレフタル酸) マイクロカプセルの表面電位におよぼす分散媒の，イオン強度の影響を示したものである。また図 4-30[18] は陰イオン性高分子電解質を含むポリ(1, 4-ピペラジン-alt-テレフタル酸) マイクロカプセルの，各種イオン強度における表面電位におよぼす，高分子濃度との関係を表している。これらの図から，一定のイオン強度において高分子電解質濃度がふえると，はじめは表面電位の絶対値が増加するが，ある濃度以上ではほぼ一定となることがわかる。このことはおそらく高分子電解質がマイクロカプセルの膜表面に吸着し，その吸着量がはじめは濃度とともに増加するが，次第に一定値に近づくことを示すのであろう。高分子電解質濃度が一定のときは，イオン強度の増大が表面電位の低下をもたらしているが，コロイド粒子や生体細胞の挙動とまったく同じである。

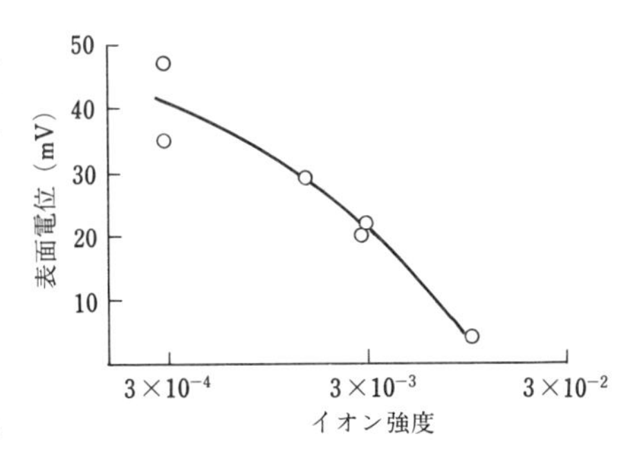

図 4-29　陽イオン性高分子電解質溶液を含むポリ(1, 4-ピペラジン-alt-テレフタル酸) マイクロカプセルの表面電位におよぼすイオン強度の影響

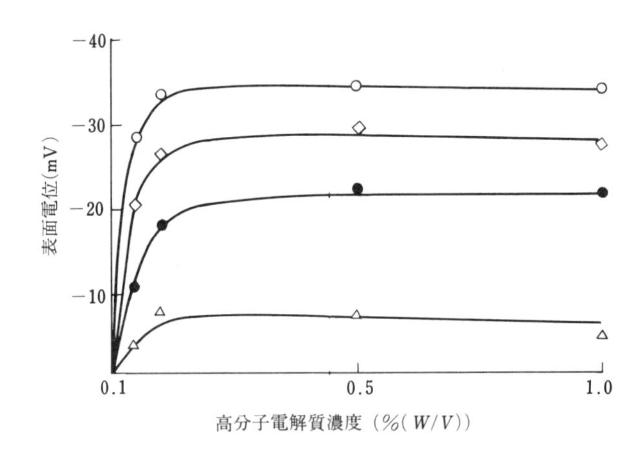

図 4-30　陰イオン性高分子電解質溶液を含むポリ(1,4-ピペラジン-alt-テレフタル酸)マイクロカプセルの表面電位におよぼす高分子電解質濃度の影響

一方，はじめから膜が電荷を持っているマイクロカプセルの場合はどうであろうか。**図 4-31**[19] は塩基性アミノ酸 L-リジンとフタロイル ジクロライドの界面重合法を利用して調製したマイクロカプセルの表面電位を分散媒の pH とイオン強度の関数として示したものである。マイクロカプセル膜中には L-リジンのカルボキシル基が反応せずに残っているので，解離して膜に負電荷を与えている。この種のマイクロカプセルは水中で凝集を起こさない。分散媒の pH が増加すると，マイクロカプセルの負の表面電位はだんだん大きくなって最後には一定となる傾向を示す。このことは pH の増加につれて表面

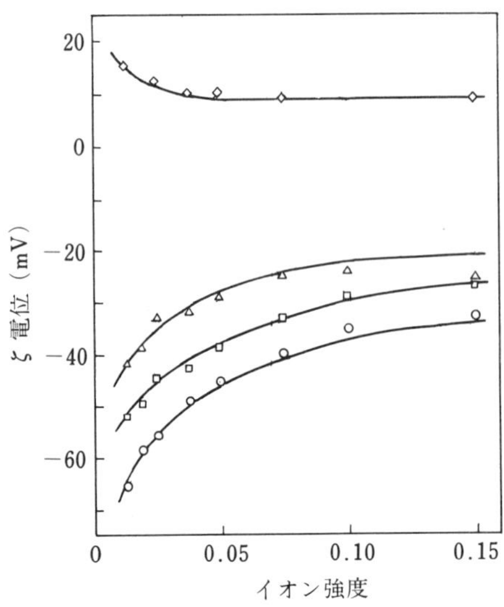

図 4-31　異なる pH においてイオン強度の関数として表わしたポリ（L-リジン-alt-テレフタル酸）マイクロカプセルのζ電位
pH：◇, 1.9；△, 5.6；□, 9.7；○, 12.0

のカルボキシル基の解離が進行し，pH がある値以上になると完全に解離することに対応しているのであろう。また，分散媒のイオン強度が増加すると，どの pH においても表面電位の絶対値が減少し，最後には一定となる。これは電解質イオンが，電気泳動のもとになるマイクロカプセル膜の負電荷を遮へいするためである。

C. マイクロカプセルの利用

マイクロカプセルはその優れた機能のために，非常に多くの分野で利用されている。マイクロカプセルの主な機能は，内容物を外部環境から保護すること，および内容物を外部環境に溶出する速度を調節することである。

(1) 感圧複写紙

初めてのマイクロカプセル利用商品の感圧複写紙はアメリカNCR社のグリーンによって発明された。従来の黒いカーボン紙は白紙の間にはさんで筆圧をかけて白紙に移転させる形式のものであったが，書類や衣類を汚すという欠点があった。市販されている感圧複写紙の構造と原理を**図 4-32**[20] に示す。

クリスタルバイオレットやマラカイトグリーンなどの染料の前駆体でリューコ染料を溶解した油が，ゼラチン-アラビヤゴム系水溶液から相分離法を利用してマイクロカプセル化され，A紙，およびB紙の裏面に塗布されている。筆圧または印字圧が加えられると，マイクロカプセルが破壊されてリューコ染料が流出し，B紙あるいはC紙の表面に塗布されている顕色剤アタパルジャイト粘土，またはフェノール樹脂と化学反応を起こして発色する。マイクロカプセルが製造，貯蔵，輸送などの過程で破壊されず，使用時にのみ外圧によって破壊されるためには，使用す

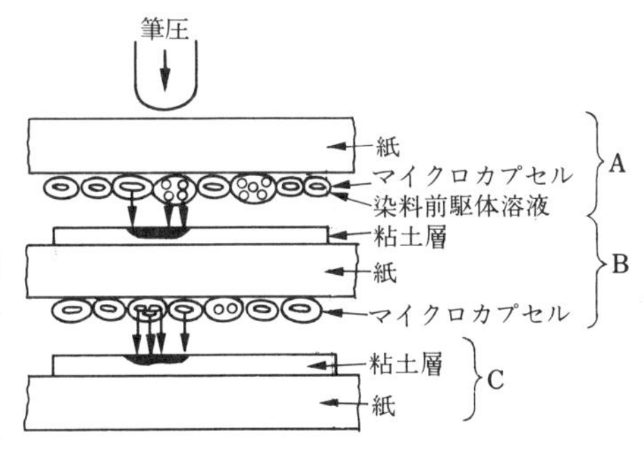

図 4-32　マイクロカプセルタイプ2枚型感圧複写紙
（実用化している型）

るマイクロカプセルの粒径，膜圧を十分に調整しておくことが必要である。

(2) 持続放出性医薬品

マイクロカプセル内の芯物質の溶出速度の調節は，マイクロカプセル膜が物質透過の障壁になっていることを利用したものであるが，また同時にマイクロカプセルの外部から内部への溶質の流入速度をコントロールすることも可能である。

病気の治療のため人体に投与される医薬品は，必要な場所に必要な量だけ必要な期間中にのみ供給されるのが理想である。しかしながら治療効果を期待するために，短い間隔で繰り返し投与されるのが現実である。医薬品のマイクロカプセル化に用いられる壁材物質は，人体に無害なものに限定されている。例えば，エチルセルロースのように全く不活性で，経口投与された場合に体内に蓄積されずそのまま排せつされるか，あるいはポリ乳酸のように体内で分解されても，分解生成物は無害であり速やかに代謝排せつされるものでなければならない。そして同時に利用する医薬品が，全身に分布せず病巣部位だけ局在化して徐放されれば，毒性の強い医薬品，例えば制ガン剤の場合には投薬方法が良ければ，非常に好都合である。図 4-33[21]は制ガン剤であるマイトマイシンCを含むエチルセルロースマイクロカプセルを，イヌの腎動脈に直接注入した際のイヌ血液中のマイトマイシンC濃度と時間の関係を示したものである。

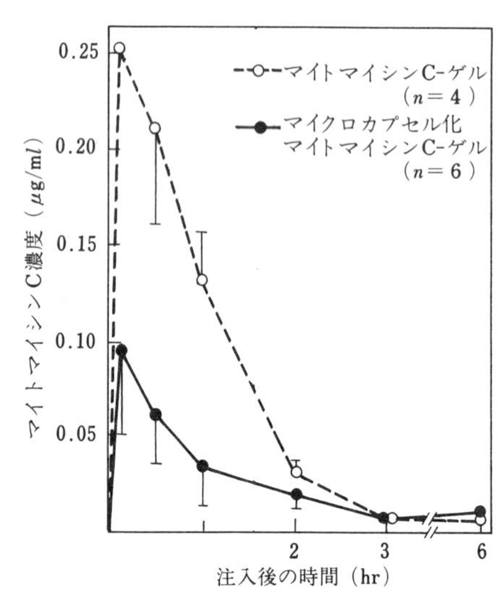

図 4-33　マイトマイシンC注入後の患者血液中濃度の経時変化（T. Kato ら，1981）

血中濃度曲線下の面積から求めた生物学的利用率（バイオアベイラビリティー，bioavailability）から判断すると，マイクロカプセルから放出されたマイトマイシンCが，腎臓中にかなりよく局在化していることが示唆される。マイトマイシンCが腎臓に局在化されるのは，マイクロカプセルが腎動脈をふさいで血流を減少させ，ガン細胞への栄養補給が妨げられることと，同時にマイクロカプセルから制ガン剤が溶出してガン細胞を攻撃するためと考えられている。

(3) 人工臓器

現在，人工心臓，人工腎臓など各種の人工臓器が医療で不可欠となっているが，これらは生体の対応する臓器の構造と機能を，そのまま再現したものではなく，すべて臓器の一部の機能を実物とはちがう，ずっと単純な機能で代行しているにすぎない。例えば，現在利用されている人工腎臓は，腎臓が糸球体で不用な代謝生成物をろ過して尿として排せつする機能を，高分子膜による透析という物理的な機能で代行している。生体のきわめて複雑，多様な構造，機能を，たとえ一部の機能にしても代行できる人工系を作ることは，現在では不可能である。そこで，これらの臓器を作っている細胞を生きたままマイクロカプセル化し，それらの細胞機能をそのまま利用する人工臓器を，普通ハイブリッド型人工臓器と呼んでいる。

1984年，アメリカのリム（Lim）が膵臓のランゲルハンス小島細胞を，マイ

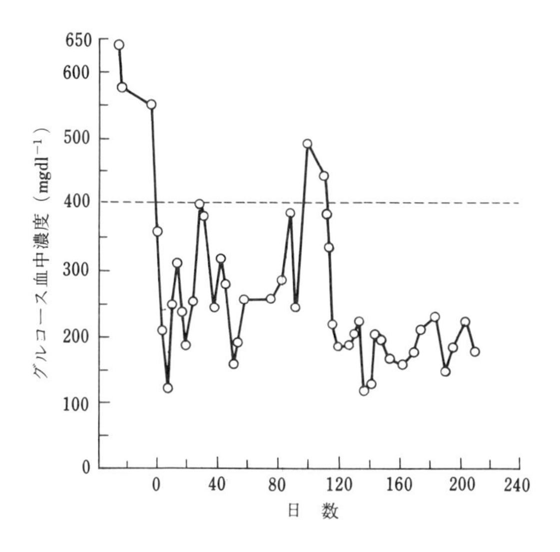

図 4-34　ハイブリッド型人工膵臓を移植されたマウスの血中グルコース濃度の経日変化（Lim）

クロカプセル化してハイブリッド型の人工膵臓を作った。**図 4-34**[22] はマイクロカプセル化ラット膵臓ランゲルハンス小島細胞を糖尿病マウスの体内に移植し，マウスの血中グルコース濃度の経時変化を測定したものである。移植された人工膵臓は8か月以上にわたってグルコースと応答してインスリンを分泌し，血中グルコース濃度を平常に保っていることがわかる。

5. ア　ワ

5・1　アワの種類

アワは液体または固体中に多量の気体が分散した**気体分散系**であり，液体または固体の薄い膜で囲まれている。アワにはビール，サイダー，セッケン水，サポニン水など液体のものや，スポンジ，パン，トロロなど弾性に富んだものや，軽石，木炭，ビスケットなどのように固体中にあるものなど様々な状態で存在している。

一般に固体または液体中において，薄い膜にかこまれた気体粒子の１つ１つを**気泡**という。例えばレンズの泡やシャボン玉はこれに当る。また気泡が集って薄い液体または固体の膜でへだてられている状態を**泡沫**と呼んでいる。セッケンの泡やビールの泡はこれに属する。さらに多数の気泡が液体または固体中に分散している場合を**分散気泡**といって，ソフトクリーム，軽石，泡沫コンクリートなどがある。しかしこれら気泡，泡沫，分散気泡の意味を区別しないで用いるときは，普通“アワ”と呼んでいる。

アワの中には泡沫消火器，浮遊選鉱，醸造工業やセッケン工業などでは，アワは有効に利用されているが，反対に溶液を濃縮したり，減圧蒸留などの場合には，アワはかえって障害になる。

5・2　アワの生成法

A.　物理的方法

(1)　送　　気

液体中に細い管や多孔板などを通して送気する方法で，最もよく利用されている。この方法は送気圧を加減することによって，アワの大きさや生成速度を調節することができる点に特徴があるが，アワの安定にとって重要な蒸発の調節がむづかしいという欠点をもっている。一般に気体の送気速度の速いほど，また液体の表面張力の低いほど小さいアワが生成しやすい。

（2） 振とう・攪拌

適当な容器に液体を入れて密閉をし，手または他の手段で容器を振とうするか，または容器中の液体の中に攪拌棒，例えばミキサーなどの機器を入れて攪拌することによって，気体が液体中に分散される。振とう法の場合，振とうによって生ずるアワの大きさ，アワの量は液体の性質，振とう時間，気体と液体の体積比，振とう器の形などの条件によって変わる。

（3） 溶解度の減少

ビールやサイダーの栓をぬくと，アワが発生してくる。これは液体中に気体が過飽和の状態で溶けていたものが，栓をあけることによって圧力が大気圧にもどり，そのために気体の溶解度が減少し，液体中にあった気体がアワとなって放出される。

（4） 加熱・沸とう

湯をわかしたり煮物をする際などにみられるように，液体を加熱・沸とうすることによってアワを発生させることができる。しかしこのような場合，発生するアワはむしろ不都合をきたすことの方が多いことは，ひごろ経験するところである。

またバターを加熱融解すると，バター中の水分が分離してパチパチと音を立てて水や油の粒子が飛び散る現象がおきる。融解した水は油より重いから，クリーミングした油の底に沈み，そしてこれが加熱されると水が急激に気化するために，上部にある油をはね飛ばしてゆくためであり，沸とうによるアワに似た突沸と考えることができる。

B. 化学的方法

化学反応の結果，気体を発生させてアワをつくる方法で，例えば炭酸水素ナトリウム（重ソウ）や炭酸アンモニウムを加熱すると，熱分解によってそれぞれ炭酸ガス，アンモニアガスを発生する。また一般に**発泡剤**と呼ばれている有機化合物，例えばアゾジイソブチロニトリルなどは熱分解によって多量の窒素ガスを生ずる。さらに沼地や下水などの場所で見られるように，微生物の働きによって発酵や腐敗が起る際に，炭酸ガス，アンモニアガス，メタンガスなどがアワとして発生する。

5・3 アワ立ち

純水を適当な容器に入れて，これを振とうしてもアワは生じない。水ばかりでなく，一般に単一の純粋な液体をいくら振とうしても，アワ立ちのよいものはほとんどなく，かりにアワが生じてもその寿命はきわめて短いから，実際にはアワは立たないと考えられる。

ところで我々が漠然と考えている“アワ立ち”とはどのような事であろうか。いま次のような簡単な実験をしてみる (**図 5-1**)。2本の別々の試験管に，ブチルアルコールとサポニンのうすい溶液を各々一定量をとり，これを強く振とうすると，ブチルアルコールの方は比較的容易にアワを生ずるが，サポニン

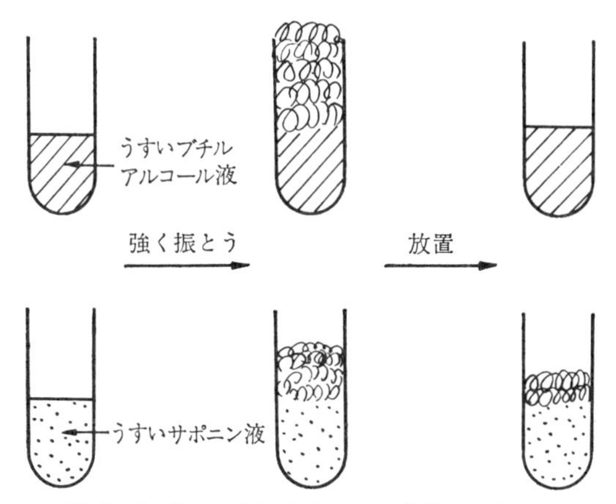

図 5-1 “アワ立ちやすさ”と“消えにくさ”

液の方はブチルアルコールに比べて，アワが生じにくい。しかし時間が経過するにつれてブチルアルコールのアワは簡単に消えてゆくが，サポニン液のアワは消えにくい。すなわちブチルアルコールの場合は“アワ立ちやすい”が，同時に“アワは消えやすい”。一方サポニンについては，この逆の関係が成り立っていることがわかる。この“アワ立ちやすさ”を**起泡力**または**起泡性**といい，“アワの消えにくさ”を**泡沫安定度**または**アワの寿命**と呼んでいる。したがって，“アワ立ち”という現象は起泡力と泡沫安定度の2つの因子の総合効果としてあらわされる。起泡力はアワ発生直後のアワの体積であらわされ，それは

主として溶質の界面活性に関係する。また泡沫安定度は生じたアワの薄い膜の性質，例えば膜の粘性，弾性，剛性などによって決まってくる。

5・4　アワ膜の破壊

アワがこわれてゆく過程の中で重要な因子となるものに，液膜を通しての気体の拡散，膜中の液体の重力による流下（排液），および膜中の圧力差のために起る液体の流動がある。

A.　気体の拡散による破壊

生成されたアワは5角12面体にほぼ近い構造をしているといわれており，球体に近い多面体である。しかしこれは1つ1つのアワがすべて同じ体積の場合にいえることで，多くの場合アワの大きさはまちまちであるから，このような理想的な形からずれているのが普通である。生成されたアワは圧力，温度，表面張力などの影響によって，一定の状態であることはなく常に変化し再分散している。アワの再分布は液膜にかかる気体の圧力によって起る。

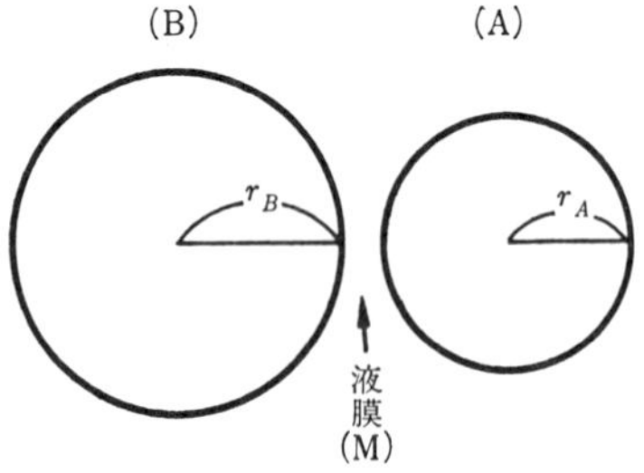

図 5-2　2つのアワ

いま**図 5-2** のように液膜Mをへだてて2つのアワA（半径 r_A）とB（半径 r_B）がある。それぞれの圧力を P_A，P_B，また液膜のそれを P_M，液体の表面張力を γ とすると，これらの間に次のような関係がなりたつ。

アワAについては

$$P_A - P_M = \frac{2\gamma}{r_A} \tag{5-1}$$

アワBについては

$$P_B - P_M = \frac{2\gamma}{r_B} \tag{5-2}$$

この関係を**ヤング・ラプラス**（Young-Laplace）**の式**という。

式（5-1）から式（5-2）を引くと

$$P_A - P_B = 2\gamma\left(\frac{1}{r_A} - \frac{1}{r_B}\right) \tag{5-3}$$

図 5-2 のように2つのアワの半径が r_A より r_B の方が大きいとすると，P_A は P_B より大きくなる。すなわち小さいアワの圧力が大きいアワの圧力より大きいため，アワ A 中の気体は液膜 M を通ってアワ A からアワ B に拡散してゆくから，小さいアワはさらに小さく，大きいアワはさらに大きくなる。このために小さいアワはやがて消滅してしまう。こうしてアワは再分布を繰返しながら全体としてこわれてゆく。

B. 液体の流動による破壊

個々のアワの集合のうちで，**図 5-3** のように液膜が互いに 120° の角度をとって接している場合が最も安定であるといわれている。3つのアワが接している部分 P を**プラトー** (Plateau) **境界**といい，図 (II) はこの部分を拡大したものである。液膜が接している部分は三角状のプラトー部分と，平面に近い平らな部分に分けられる。膜の平らな部分 (図中 (i)—(ii) の部分) における気体と液体の圧力は等しいが，P 点のプラトー部分 (図中 (ii)—(iii)) では膜の曲率が大きいので，液体側の圧力は気体側の圧力より低い。ところが気体の圧力はどこでも同じであるから，膜中で液体の圧力に差があることになる。したがって平面部分 ((i)—(ii) 部分) よりプラトー部分 ((ii)—(iii) 部分) の方が圧力が低くなっている。その結果，平面部分からプラトー部分に向けて液体の流動が起り，液膜はしだいに薄くなってゆく。このことは先のヤング・ラプラスの

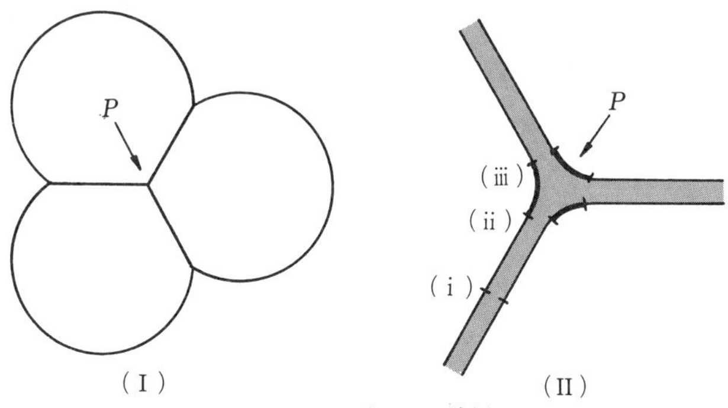

図 5-3 プラトー境界

式を利用して説明することができる。すなわち，液体の表面張力を γ，曲率半径を r，気体と液体の境界面近くの圧力をそれぞれ P_G, P_L とすると，式 (5-1)，式 (5-2) と同様に考えられるから

$$P_G - P_L = \frac{2\gamma}{r} \tag{5-4}$$

が成立つ。

図 5-4（I）の場合（プラトー部分）では，$r>0$ であるから $P_G>P_L$ となり，また（II）の場合（平面部分）では，$r=\infty$ と考えられるから $P_G=P_L$ となる。

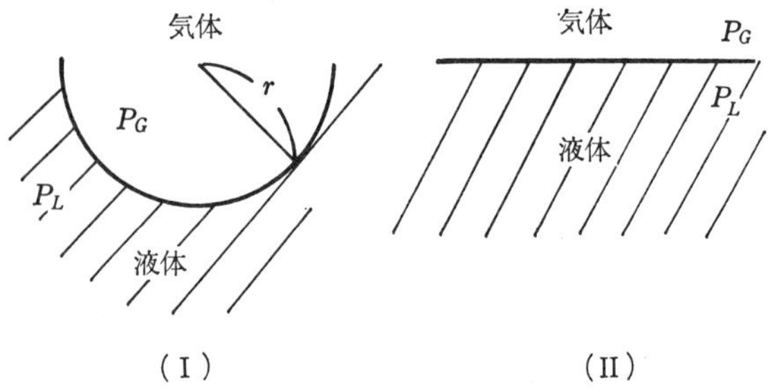

図 5-4　プラトー部分（I）と平面部分（II）の気体と液体の圧力

アワ膜が薄膜化してゆけばついには破裂するが，液膜の組成によって安定度の高いアワもある。

5・5 アワの寿命

生成されたアワが，どれだけの時間存在することができるかということは，アワの安定性にとって重要な問題である。アワの寿命はいろいろな条件によって違ってくるのは当然であるが，一般にアワの平均寿命は生成直後のアワの容積を V_0 として，時間の経過とともにアワの容積の変化を求めることができる。平均寿命を τ とすると，τ は次式のように定義されている。

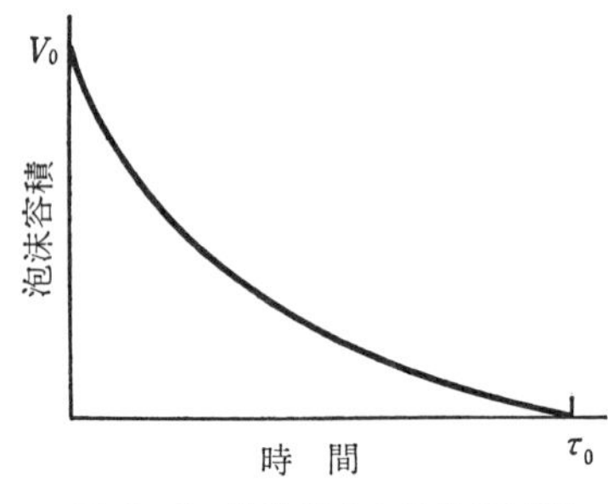

図 5-5　泡沫寿命と泡沫半減期

$$\tau = \frac{1}{V_0}\int_0^{\tau_0} V_t \cdot dt \tag{5-5}$$

ただし τ_0 はアワが消えてしまうまでの時間である。**図 5-5** はこの関係をグラフに示したものである。

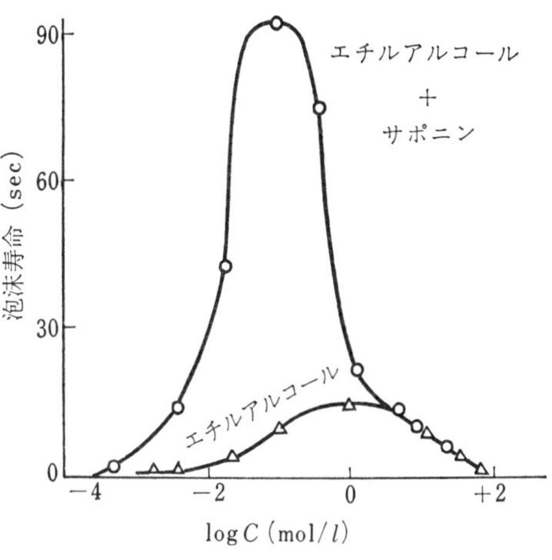

図 5-6　エチルアルコールの泡沫寿命に対するサポニンの相乗効果

アワ立ちの現象には起泡性と安定性の 2 つの因子があることは先に述べた通りであるが，いまこの 2 つの因子の関連について，エチルアルコールとサポニンの混合溶液を用いて考えてみよう。**図 5-6** はエチルアルコールのみの場合のアワの寿命と，これにサポニン溶液を加えたときのアワの寿命を，濃度との関係から示したものである。サポニン溶液を加えることによって，エチルアルコールのアワの寿命がのびていることがわかる。これはエチルアルコールの起泡性とサポニン溶液の安定性が，相乗的に効果をあげているためである。

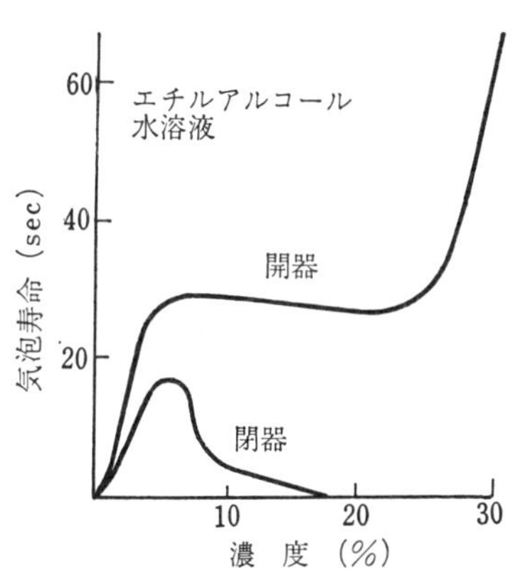

図 5-7　蒸発と泡沫の寿命

次に泡沫系に圧力をかけると気泡の体積は小さくなり泡膜が厚くなる。このためにかえってアワの寿命がながくなる。またアワの表面から蒸発が起ると，薄膜の熱容量が小さいために蒸発によって温度が急激に低下し，液膜の粘性と表面張力が大きくなりアワの寿命はのびる。**図 5-7**[1] はエチルアルコール水溶液の泡沫を 2 つの容器に入れ，これを開器にした場合と閉器にしたときのアワの寿命を測定したものである。

安定性のある泡沫においては，排液の速度がアワの寿命を支配している。泡沫に冷たい空気を吹きつけると，表面粘度が上昇してアワの寿命がのびる場合が多い。またタンパク質を含む液体膜は，タンパク質でできた2枚の表面膜の間に液体が入っているような構造と考えられているが，この液体が重力によって流下してタンパク質が濃厚になり，粘性が高くなるためにアワの寿命がながくなると考えられている。**図 5-8**[2]はアワの表面粘度とその寿命との関係を示したもので，これらの間にはかなりの相関関係があることがみとめられる。

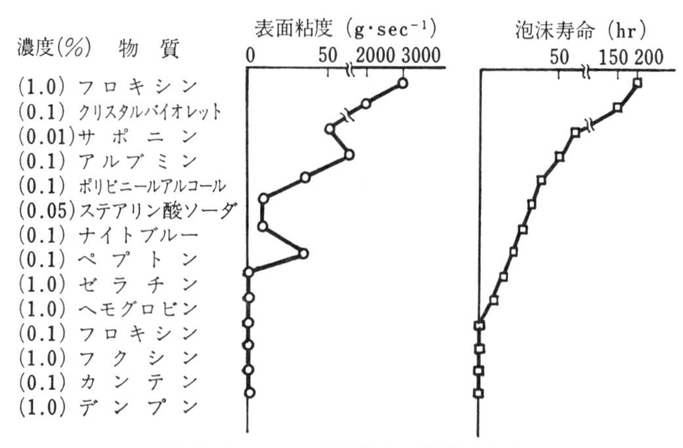

図 5-8　アワの表面粘度と泡沫安定度

5・6　消　　泡

A.　抑泡作用と破泡作用

消泡作用は内容として破泡作用と抑泡作用を同時に含んでいる。このことは次のような簡単な実験から理解することができる。

図 5-9 のように (A), (B) の2本の試験管にうすいセッケン水を一定量入れて良くアワ立てておく。そこへ (A) にはエチルアルコールを，(B) にはシリコンを少量加えると，(A) はすぐにアワが消えるが，(B) は変化がなくアワはそのままである。次にこれらの容器を同じ方法，同じ強さで振とうすると，(A) は再びアワ立つが (B) は全くアワ立たない。この例からわかるようにエチルアルコールは破泡作用のみ示し，シリコンは抑泡作用のみ示したことがわかる。

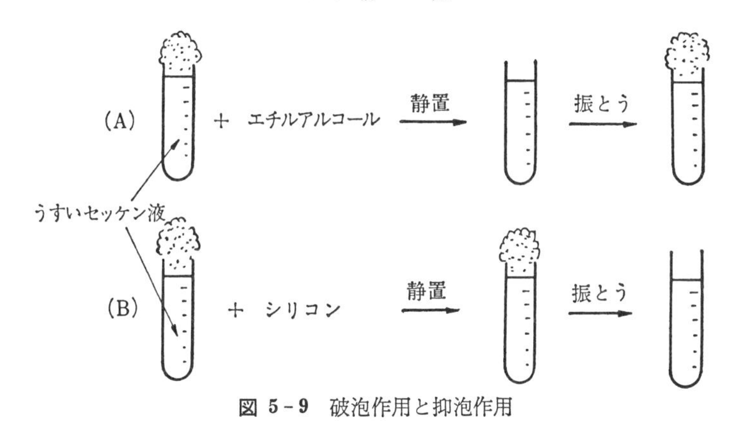

図 5－9　破泡作用と抑泡作用

B. 消泡の方法と消泡剤

消泡の方法は原則的に，アワを安定化させている要因を除いてやればよい。すなわち，① 液膜を構成する液体をできるだけ純粋にする。② アワを形成する液体の粘性をさげる。③ アワの膜壁を弱くする。④ 起泡剤を適当な方法で除去する。⑤ 消泡剤を加える，などである。これらの具体的な方法として，大きく物理的方法と化学的方法に分けて考えられる。

(1) 物理的な方法

(a) 圧力の変化

加圧—減圧，減圧—常圧，常圧—加圧などの組合せを繰り返すことによってアワ膜を不安定にする方法で，高粘性の物質の消泡に減圧法がよく利用される。

(b) 温度変化の利用

泡沫溶液を加熱して温度を上げたり，または冷却して降下させることによって，表面粘度，表面弾性の低下，溶剤の蒸発，起泡性物質の化学変化を誘起させて，アワを破壊に導く方法である。

(c) 遠　心　力

大量の破泡処理に利用される方法で，金網状のカゴ型回転体の中に泡沫を入れ，これを高速回転させることで破泡する。以上の方法の他にも，X 線，紫外線，超音波などをあてたり，空気ジェットや電流を利用する方法など，それぞれの目的にかなった方法が用いられている。

（2） **化学的方法**

化学的方法による消泡には原則的に，泡の発生を未然に防ぐ抑泡手段と，発生してしまったアワを破泡する方法に分けられる。抑泡手段としては，起泡性物質と反応する物質の添加によって起泡性を無くしてしまうか，または吸着，沈殿，ロ過などによって除去する方法が主に利用されている。最近では低起泡性の界面活性剤を添加することにより，アワを不安定化する方法がとられている。

破泡手段としては排液を早める物質の添加，化学反応による破泡，希釈によ

表 5-1　主な消泡剤の種類と用途

種類	主な消泡剤	使用濃度(%)	用途例
油脂系	ヒマシ油，ゴマ油，アマニ油，動植物油		食品，ボイラー
脂肪酸系	ステアリン酸，オレイン酸，パルミチン酸		発酵
脂肪酸エステル系	isoamyl stearate, diglycol laurate distearyl succinate, ethyleneglycol distearate sorbitan monolaurate polyoxyethylene sorbitan monolaurate butyl stearate ethylacetate alkyl ester of sulfonated ricinoleic acid 天然ワックス	0.05 ～2 0.002～0.2	Gas Cutting 防止 ボイラー，製紙，食品，牛乳，卵白，熱湯，石油，アルコール，不凍液，潤滑油
アルコール系	polyoxyalkylene glycol とその誘導体 polyoxyalkylene monohydric alcohol di-tert-amylphenoxy ethanol 3-heptanol, 2-ethyl-hexanol	0.001～0.01 0.025～0.3	発酵，染色，製紙，石油精製，化学工業など 石油精製，熱湯洗浄，ニカワラテックスペイント
エーテル系	di-tert-amyl phenoxyethanol 3-heptyl cellosolve nonyl cellosolve 3-heptyl carbitol	0.025～0.25	洗浄，繊維 染料，製紙
リン酸エステル系	tributyl phosphate, sodium octyl phosphate. tris (buthoxy ethyl) phosphate		カイゼイン，洗浄紙，塗料
アミン系	diamyl amine	0.02 ～2	染料，繊維
アマイド系	polyalkylene amide, acylate polyamine. dioctadecanoyl-piperazine	0.002～0.005	パルプ，製紙ボイラー

る起泡性物質の除去などがある。一方，消泡剤を使用する場合には，消泡剤を単独で利用するか，または物理的方法との組合せで行なわれている。**表 5-1**[3]は主な消泡剤の種類と用途例を示したものである。

5・7 アワの利用

アワがいろいろな目的で有効に利用されていることは，例えば食品，化粧品，フォーム製品，工業関係など広い分野でその例を知ることができるが，その中で 2, 3 の利用例を紹介する。

A. 製パン—固体中のアワ—

パンの中にアワが入っていることは誰でも知っている。パンにアワが入っていることで，パンの特性を発揮することができる。

製パンの際に利用されるアワの生成は，イースト菌のもつチマーゼが糖を分解して生ずる炭酸ガスによるものである。品質の良いパンを得るには，イースト菌による炭酸ガスの発生を増大すると同時に，発生したガスを保持するためのパン生地の熟成度の増加が，時間的に一致することが重要である。**図 5-10**[4]はパン生地の熟成度，ガス発生力および発酵時間の関係を示したもので，図中の（II）はパン生地の熟成度が炭酸ガスの発生力よりも時間的におくれるために，発生したガスは保持される場所が無く散失してしまう。また（III）はこの逆の現象であって，

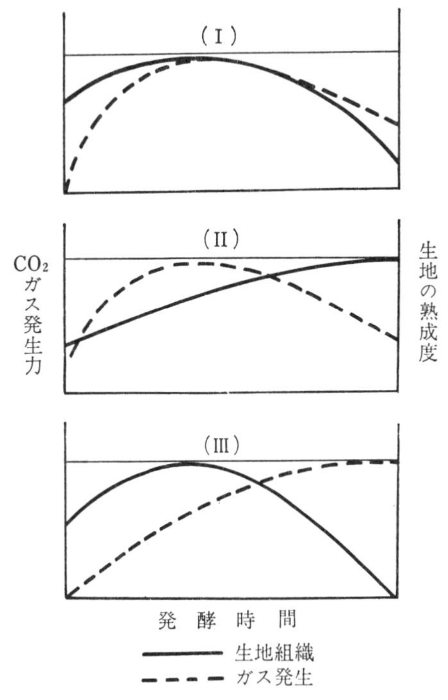

図 5-10 パン生地の熟成度，ガス発生力と発酵時間の関係

ともに良い製パンの条件に適していない。これに対して（I）のように生地組織の形成とガス発生力が，時間的に一致してはじめて良いパンを得ることができる。

B. 浮遊選鉱

ガラスや石英の粉末を水に入れるとすぐに沈んでしまうが，炭素の粉末を入れると沈まずに浮かんでいる。これはガラス，石英が水にぬれやすいのに対して，炭素粉末は水にぬれにくいためである。

いま水にぬれにくい粉末を含んだ液に空気を送ってアワ立てると，発生したアワに粉体が付着して，アワは以前よりも丈夫になり，その結果アワの安定性が増してくる。これに対して水にぬれやすい粉末は，アワに付着せずに沈んでしまう。

ところで銅，鉛，亜鉛などの金属は，天然に硫化物として岩石中に存在している。このような金属硫化物は水にぬれにくいが，これらを含有している母岩であるケイ酸塩（石英・長石など）は水にぬれやすい。したがって粉末の水に対するぬれかた，すなわちアワへの付着性の差を利用して，鉱石中から有用な金属硫化物を分けることができる。この方法を**浮遊選鉱法**といい，特に貧鉱中から有用金属を取り出す方法として重要である。

母岩鉱石を粉砕して細かい粉末として水の中に入れ，これにキサントゲン酸エチルナトリウムを加えると，硫化物鉱石の表面に吸着してその表面をいっそうぬれにくくする(疎水化)。一方，ケイ酸塩に対しては吸着しないために水底に沈む。このように金属化合物の表面に選択的に吸着して，疎水性の一種の被膜を作る働きをする物質を**捕集剤**と呼んでいる。この際に**起泡剤**（例えばパイン油など）を少量液中に加えておき，液中に空気を送りこめば，より多くのアワを発生させることができ，発生したアワの表面に，疎水性となっている硫化物鉱石の粉末が付着し，水面に浮きあがってくる。これらのアワを適当な方法で捕集してやれば，有用鉱物と無用岩石類を分けることができる。

$$S = C\begin{matrix} \diagup S^{-} - Na^{+} \\ \diagdown O - C_2H_5 \end{matrix}$$

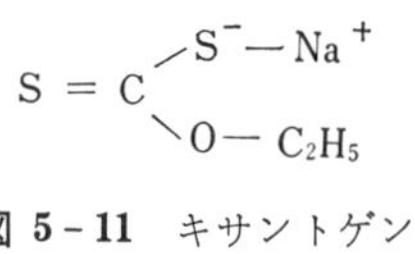

図 5-11 キサントゲン酸エチルナトリウムの化学構造

C. 泡沫分離

先に述べた浮遊選鉱法は，粉末のアワ膜に対する付着性（または吸着性）の差を利用して分離を行なったものであるが，この粉末を分子におきかえて考えても，同様のことを行なうことができる。

例えば，セッケン液のアワをこわしたとき得られる液を分析してみると，原液よりも濃度が高い。またビールのアワをこわした液についても，ホップやある種のタンパク質濃度は，もとのビール液よりも高いことなどが知られている。

これらの現象は液中の溶質がアワの膜に吸着したためと考えられる。一般に界面活性剤を溶かした溶液から得たアワには，これらの物質が原液より高濃度にふくまれている。したがってこの現象を利用することによって，溶質の濃縮や分離精製を行なうことができる。このような分離方法を**泡沫分離法**と呼んでいる。

アワを必要とするこの分離法では，送気の際に溶質を変化させるような気体であってはならない。普通，空気，窒素，炭酸ガスなどが利用されているが，その中で窒素が最もよいとされている。

泡沫分離法の特徴のひとつとして，分離のために加熱したり，薬品を使用する必要がないために，熱や薬品に対して不安定な物質の分離に適している。

6. 気体コロイド

気体中に液体または固体の微粒子が存在する系を**気体コロイド**という。気体コロイドの中で液体または固体の微粒子が浮遊している状態を**エーロゾル**(Aerosol) といい，固体微粒子が沈積して集合した状態が**粉体**である。

粉体は固体微粒子の集合体であり，粒子1つ1つはコロイド領域の大きさよりもずっと大きく，肉眼または光学顕微鏡でも見える大きさである。粉体を分散している気体(分散媒)は，ふつう空気と考えてよい。

6・1 粉　　体

A. 粉体の集合状態の表現

粉体粒子が分散媒中で1つ1つはなれて良く分散している場合には，個々の粒子の性質が支配的となるが，多くの場合に粉体は集合状態，例えば堆積した状態や，なにがしかの容器に入った状態で利用されている。したがってこのよのな場合には，粒子の個々の性質の他に，集合状態としての性質も同時に考慮しなければならない。粉体の集合状態を表わす量として，次のような諸量が定義され利用されている。

(1) 見かけの比体積

単位質量の粉体が充てんされて占める体積。

(2) 見かけの密度

粉体の場合には単位体積に充てんするときに，必ずすき間(空隙)ができるから，その質量は見かけの密度といわれる密度をもち，これが利用されている。この密度は充てんの仕方によって変動する。その値は見かけの比体積の逆数で表わされる。

(3) 空隙率(空間率)

充てんされた粉体の占める体積に対する，粉体層中の空隙体積の割合。

$$空隙率=1-\frac{(見かけの密度)}{(粉体粒子の真の密度)}$$

(4) 配　位　数

粉体粒子の1個が他の粒子と接触している点の数。

(5) 比表面積

定義によって次の3種類がある。

① 単位質量の粉体の有する全表面積。

② 単位体積の粉体の有する全表面積。

③ 単位見かけ体積の粉体の有する全表面積。

B. 粉体のあつまり方—充てん形成—

先に述べたように粉体は個々の粒子の集合体として存在することの方が多いが，その集合状態のちがいによって粉体全体としての性質もちがってくる。また個々の粉体粒子の形や大きさが同一であることはきわめて少ないから，実際の粉体の充てんの仕方は不規則であり，かつ複雑なものであると考えられる。

そこでひとつの基準を得るために，最も理想化された条件として粒子を等大の球体と考えると，その充てん形式は簡単な模型として表わすことができる。

等大球の粒子をたがいに接して規則的にならべる方法は，大きく分けて2通り考えられる。すなわち，正方形の頂点に球をおいてゆく**正方系**と，正三角形

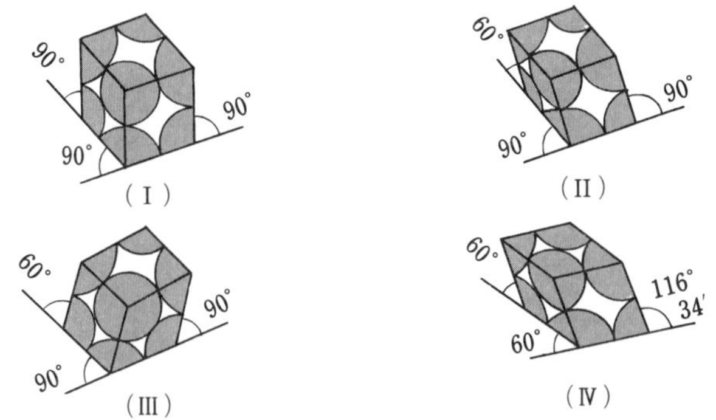

図 6-1 等大球の充てん形式 (Graton-Fraser 模型)

表 6-1 等大球粒子の充てん特性

図6-1の充てん形式	空間率 (%)	充てん率 (%)	接触粒子数	充てん形式の名称
(I)	47.64	52.36	6	立方充てん
(II)	39.54	60.46	8	正斜方充てん
(III)	25.95	74.05	12	菱面体充てん
(IV)	30.19	69.81	10	正方球面充てん

の頂点に球をおいてゆく**斜方系**の充てん方法である。**図 6-1** はこれらの組合せによる主な充てん形式を示したもので，また**表 6-1** はそれらの**充てん形式**における特性を現わしたものである。

C. 空隙率と比表面積・粒径の関係

粉体粒子の充てん状態を推論する方法として，**空隙率**は最も良く用いられている。空隙率は比表面積や粒子径と密接な関係をもち，これらの条件が変わるとそれにともなって変化する。等大球のモデルの場合は，空隙は粒子の大きさに無関係であるが，実際には粒子径によって空隙率が変化することがわかっている。**図 6-2**[1]は各種の粉体の粒子と空隙体積の関係を両対数紙上に示したものである。これによるとどの粉体についても，ある一定の粒子径（臨界粒子径：図中において各直線の屈折点の粒子径）までは空隙体積は変わらないが，それよりも粒子径が小さくなると粒子間の相互作用が影響して，かえって空隙体積が直線的に大きくなってゆくのが認められる。

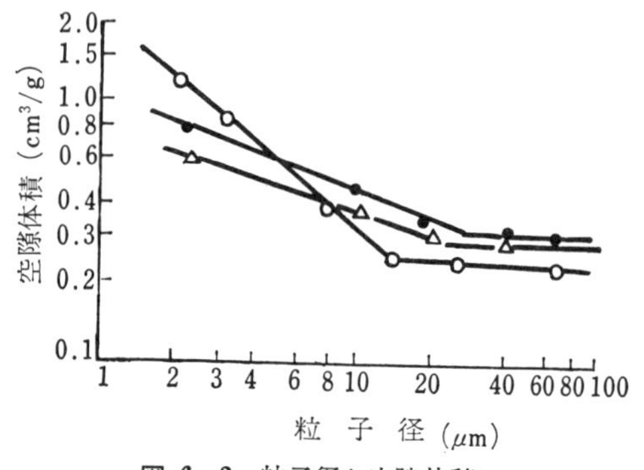

図 6-2　粒子径と空隙体積
○：焼セッコウ　●：セッコウ　△：顔料

また**図 6-3** は錠剤中の空隙率と比表面積の関係をあらわしたのである。医薬品として利用される粉体の場合，粉体をかためて錠剤をつくるためには適度の硬さと同時に，使用時の崩壊性が要求される。この結果からどの試料

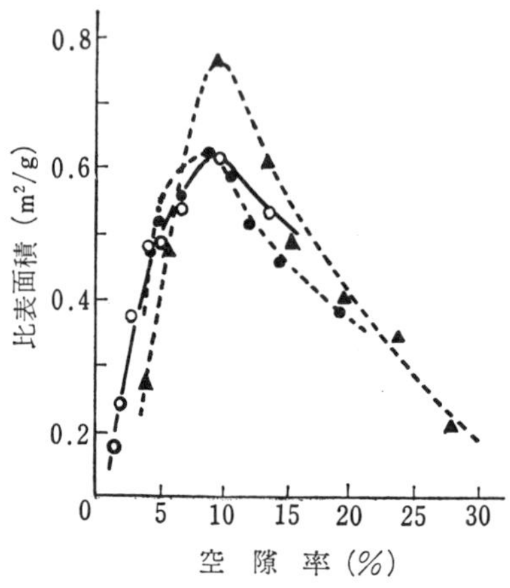

図 6-3　空隙率と比表面積との関係
○：アセチルサリチル酸　▲：乳糖
●：乳糖・アセチルサリチル酸

についても，空隙率が約 10% 前後のときに比表面積が最大となっており，この値より大きくとも小さくとも比表面積の減少がみられる。

D. 粉体粒子の流動性

食塩は粉体と考えられているが，ながいこと使用されなかった食塩は石のように固くなることがある。またよく乾燥された水分の少ない食塩は液体のようにサラサラとして流動性がある。同じ粉体であっても，条件によっては固体のようにも液体のようにもなる性質をもっている。

粉体の流動は液体の流動とはきわめて異なる点が多い。粉体粒子の流動を評価する方法として，その**安息角**，**付着力**，**流出速度**などが利用されている。

（1） 安　息　角

粉体をロート，またはオリフィス(小孔)などから水平面上に落下させ，堆積した円錐形の母線と底面のなす角 θ を**安息角**という。付着性の少ない粉体については，安息角は粉体層の表面における摩擦と考えてよい。**図 6-4** は安息角の測定方法の 1 例を示したものである。円錐形の高さ h と底面の半径 r がわかると，安息角 θ は次の式で計算される。

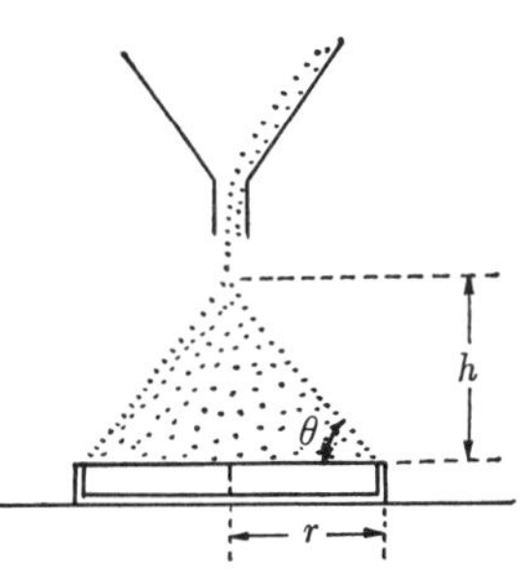

図 6-4　安息角の測定

$$\theta = \tan^{-1}\frac{h}{r} \qquad (6-1)$$

測定方法にはいろいろあるが，測定方法が同一であれば再現性のある値が得られる。しかし測定方法が異なると，同じ粉体でもその安息角はちがってくることが知られている。

一般に安息角は粒子径が小さくなるにつれて少しずつ増大し，**臨界粒子径**(図 6-2 参照)以下では，その増大が著しいとされている。また安息角は粉体粒子間の付着性や，凝集性に関係する重要な意味をもっている。

（2） 付　着　力

付着力は粉体の摩擦力と同様に，粉体の流動性を直接左右する重要な因子である。一般に付着力の原因として，次の3つの力が考えられる。

（a） 分 子 間 力

粉体粒子相互の分子間に働く力，すなわち van der Waals 力で，粒子どうしが十分に接近した場合に生ずるもので，その大きさ F は Hamaker らの整理した次の式で与えられている（図 6-5）。

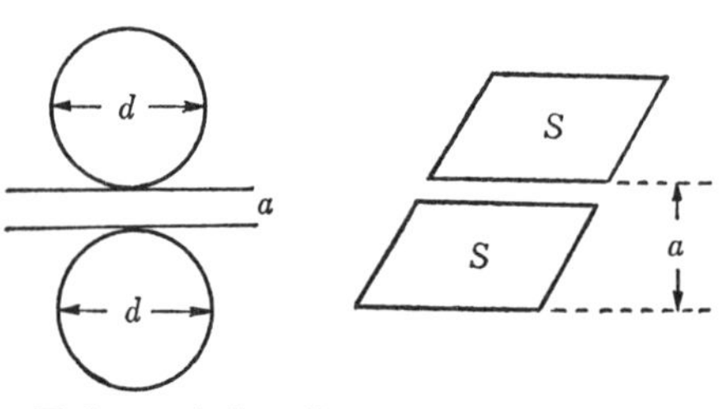

図 6-5 球形・平板間の付着力のモデル

球形粒子間では

$$F = \frac{A \cdot d}{24a^2} \tag{6-2}$$

平行平板間では

$$F = \frac{A \cdot S}{6\pi a^3} \tag{6-3}$$

ここで d は粒子径，a は粒子間および平行板間距離，S は平行板面積，A は比例定数である。

（b） 毛 細 管 力

粉体に水分を加えたり，湿気を吸収すると，粉体どうしが著しく付着したり固結する。図 6-6 のように，平板～球間に付着された水分は次の式で求められるような凝集引力 F を生ずる。

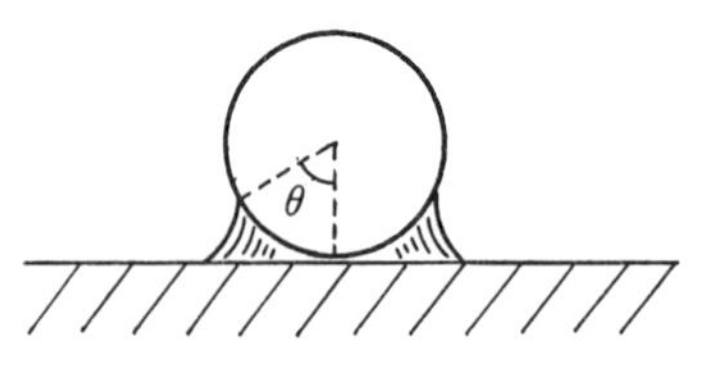

図 6-6 毛細管力モデル

$$F = \frac{4\pi\gamma}{1+\tan(\theta/2)} \tag{6-4}$$

ただし γ（ガンマ）は付着液の表面張力である。この式からでは θ が小さいと，すなわち付着水量が少ないほど，凝集引力 F は大きくなる傾向を示すが，実際にはその反対の例もあるので，いちがいに凝集引力 F が大きくなるともいえない。

（c） 静 電 気 力

粉体が相互に衝突や摩擦を繰り返すような場合には，しばしば粉体粒子は帯電することが知られている。

いま**図 6－7** のように粒径 d の2の粒子が，それぞれ Q_1, Q_2 の互いに反対電荷の電気量をもち，a だけへだてて存在するとすると，その間に働く静電引力 F は次の式 (6－5) で表わされる。

$$F = \frac{Q_1 Q_2}{d^2}\left(1-\frac{2a}{d}\right) \tag{6-5}$$

この静電気力による付着力は，他の2つの付着力に比べて非常に弱いといわれている。

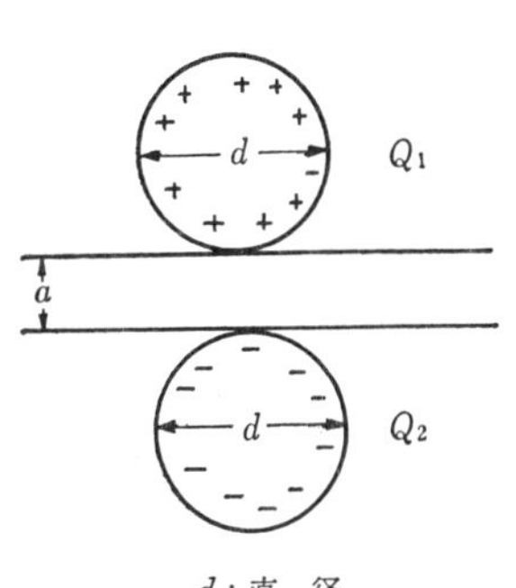

d：直　径

図 6－7　2粒子間の静電気力モデル

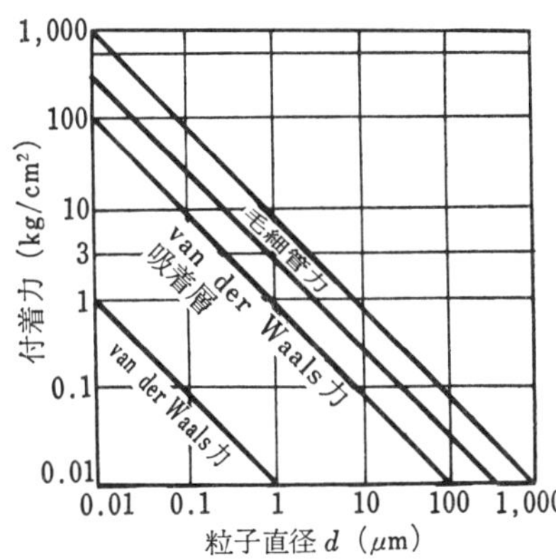

図 6－8　粒径と付着力の関係

ところで付着力と粒子径の間に，ある程度の相関があることが知られている(**図 6－8**)[2)]。それによれば，粒子径が 1 μm 以下では van der Waals 力だけで付着し，1～100 μm の間ではそれに加えて吸着層による付着力が働き，100～1000 μm の範囲では毛細管力によって付着現象がおきるとされている。

(3)　自由流動

粉体の流動する様子は，液体のそれとちがってきわめて複雑な流動をする。そのひとつの例として，いま容器の底に小さな孔(オリフィス)のあいた円筒形容器の中に砂を入れて，重力によって流出させると，砂の流出してゆくありさまは**図 6－9** のような軌跡を示す。流動の初期段階では，粉体の自由表面からオリフィスの中

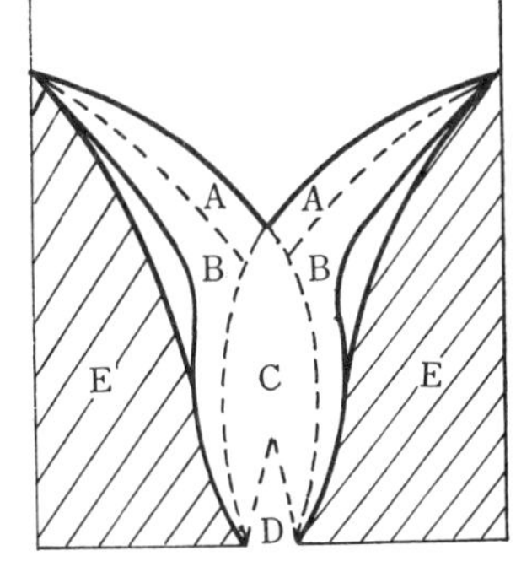

図 6－9　孔を通って流れる砂の流線図

心まで半だ円形ができ，その中の粒子は下方に向って動きだし，図のような状態に移ってゆく。この状態で器底および側壁の部分E層は静止層で，B層はゆっくり流下し，A層はB層の上面をすべるようにB層よりも速く流下してゆく。C層は落下の速さがきわめて速く，D層は自由落下に近い流出をする。

この現象は粉体に特有のものであり，後から充てんされた粉体，すなわち上層の粉体がそれよりも下層の粉体よりも先に流下する結果となるために，これは **"lost in first out" 現象**ともいわれている。

一般にオリフィスの口径 D と粉体粒子径 d との比 D/d が，約5以下では流出せず，また $D/d>10$ でも流出は一様でなく不連続になりやすいといわれる。

オリフィスから粉体が流出する際に，流出口が粒子の大きさよりも大きいにもかかわらず，流出が停止することがある。この現象を**閉塞**と呼んでいる。この要因としては粒子間の摩擦，付着力，および固結などがあげられる。

E. 粉体の圧縮とズリ

容器に粉体を入れてこれに圧力をかけ，次第に大きくしてゆく際の粉体の状態の変化は，普通つぎの4段階に分けて考えられている。

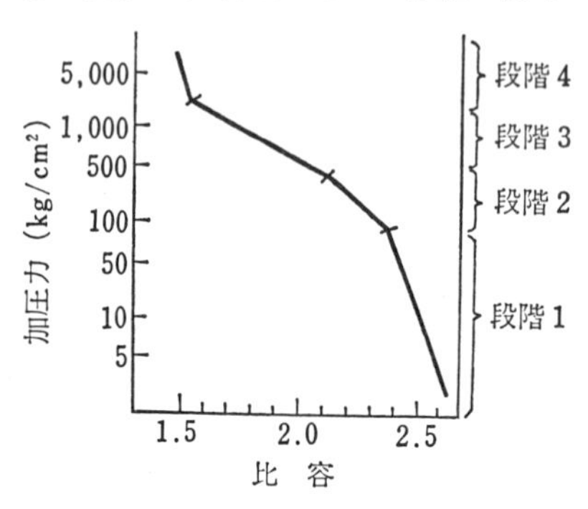

図 6-10　加圧力と比容との関係（加瀬）

いま粉体として炭酸マグネシウムを用いて，その加圧力と比容の関係を調べたものが**図 6-10** である。

まず粉体粒子は互いに押し合いながら密充てんになってゆく（第1段階）。圧力が大きくなると大きい粒子の間に小さい粒子が入り込み，また粒子自体も圧力によって変形が始まり，比容は減少する（第2段階）。さらに加圧すると，粒子表面の凸凹が相互の摩擦などによってこわれ，新しい表面を生じて結合し合い，空隙がうめられてゆき比容はさらに減少してゆく（第3段階）。空隙がほとんどうめられてしまえば，さらに加圧しても，もはや比容はあまり減少しなくなる（第4段階）。

これらの各段階の変化は実際には順を追って起っているわけではなく，第1段階でも，2, 3段階の現象が現われており，図のようなはっきりした加圧力～比容曲線が得られるわけではないが，近似的にこのような傾向の曲線となる。

次に粉体層に垂直な力 P を加えてゆくと，粉体層の内部にスベリが生ずる。このスベリを起させるに必要な力，すなわちせん断力を τ とすると，この間に次のような**クーロンの摩擦法則**がなりたつ。

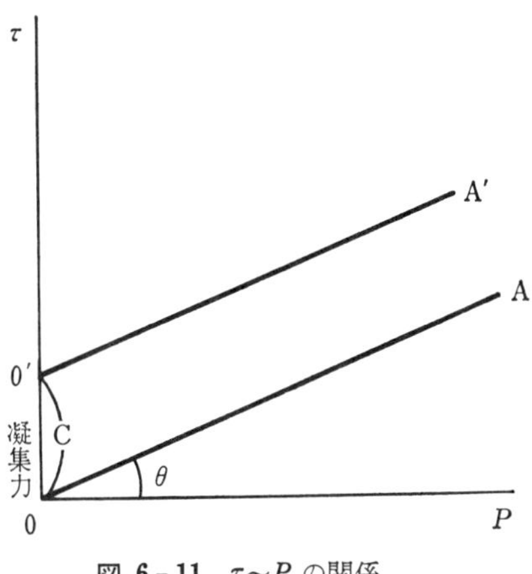

図 6-11　τ～P の関係

$$\tau = P \cdot \tan\theta \tag{6-6}$$

θ を**内部摩擦角**と呼んでいる。P をいろいろに変えた場合の τ との関係を**図 6-11** に示した。

一般的には OA 直線のような原点を通る直線とはならず，O′A′ の直線になるのが普通である。したがって式 (6-6) は

$$\tau = P \cdot \tan\theta + C \tag{6-7}$$

と書き換えられる。C は P が 0 のときのせん断力であって，粉体内部の粒子間の凝集力に相当する付着力である。

粉体はせん断をうけると空隙率が変わり，体積が増加または減少する。例えば砂糖の場合（**図 6-12**）[3]，せん断力が増加してゆくにつれて一時は減少するが，せん断力が飽和に達するにつれて体積は増加してくる。これは外力を作用させると逆にバラバラな粒子の充てん状態にかわり，粒子間の空隙も増加してゆくためである。この性質はさきに述べた (p. 62) ダイラタンシーのことである。

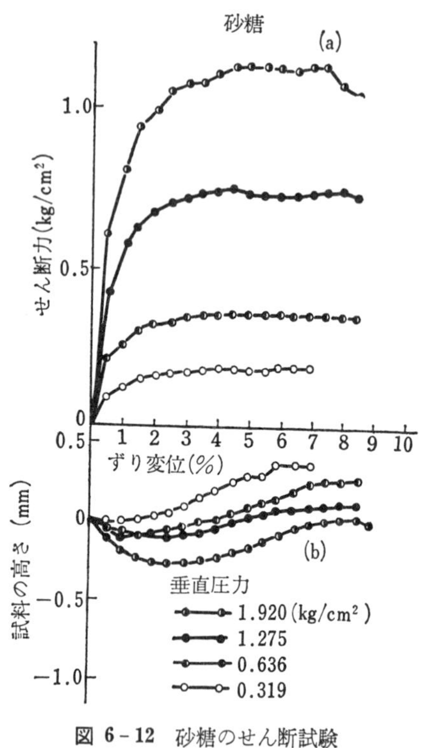

図 6-12 砂糖のせん断試験

6・2 エーロゾル

A. エーロゾルの分類

空気中には眼に見えたり，眼に見えないいろいろな微粒子が存在している。例えば雲，キリ，煙，スス，じんあい，粉体，それにいわゆる“ほこり”などが液体または固体の微粒子となって気体中に浮遊している。このような状態は気体コロイドであり，普通はこれらをまとめて**煙霧質**とか**エーロゾル**と呼んでいる。エーロゾル粒子の中にはコロイド領域の大きさをこえているものもあるが，やはりコロイドの一分野としてあつかっている。

これらのエーロゾルは生活に密接にかかわり合いを持っているために，上述のような名称で呼ばれているが，エーロゾル粒子の形状や発生の点から，一般には次のように分類されている。

(1) 煙

一般に有機物の不完全燃焼物，灰分，水などを含む有色性の粒子である。普通“けむり”とは，空気中に固体の微粒子が浮遊している状態をさして呼ばれていることが多いが，例えばタバコの煙はその粒子の大部分は液体から成っており，また発煙硫酸や発煙硝酸などの煙の場合も同様である。

煙粒子の大きさは普通1nm～1μm程度であり，その形状は球形に近いといわれている。

(2) 粉 塵

固形物が物理的な方法，例えば粉砕，研磨などによって微細にされ，空気中に分散されたものである。したがってその形状は様々であり，球形，針状，薄片状などの形をしていて，大きさや形はともに不均一である。

(3) ミスト (mist)

液体の微粒子を総称して**ミスト**と呼んでいる。この中には霧やモヤ，またスプレーなどで液体が気体中に噴霧されたり，液体が蒸発凝縮した場合などがこれにぞくする。

(4) フューム (fume)

マグネシウムやアルミニウムなどの金属が燃えると，これらの金属の酸化物が微粒子となって飛び凝縮して粒子となる。このように固体が熱せられて蒸発し，発生した微粒子が凝縮して気体に分散するものを**フューム**と呼んでいる。金属の溶接や溶断，スパークの際によく見られる。

B. エーロゾルの生成

(1) 有機物の不完全燃焼

石炭や石油などの有機物がもえる際，酸素の供給が十分でないと，これらは不完全燃焼をして煙を発生する。石炭の場合，不完全燃焼によって発生する煙の中には，炭素の微粒子(スス)やタールや水蒸気の凝結した液体の微粒子が入っているが，これらのススやタールは本来もえるものであり，酸素の供給が十分であれば，完全燃焼して煙はほとんど見られない。

(2) 温度・圧力の急変化

水蒸気を多量に含んだ空気が，断熱膨張などによって急激に冷されると，水蒸気は凝結して水滴となり，雲やキリの発生の原因となる。

ところで水蒸気の蒸気圧は温度によって異り，各温度にはそれに相当する一定の飽和蒸気圧がある。もしある温度における空気中の水蒸気圧が，その温度における飽和蒸気圧よりも大きい場合には，それを**過飽和の状態**という。

水蒸気が凝結して水滴を生ずるためには，大気中の水蒸気が過飽和の状態になっていることと，さらに凝結核となるべき微粒子の存在が必要である。空気中には煙をはじめとして，各種のじんあいやイオンなどの微粒子の他にも，例えば海水のしぶきが大気中で乾燥し，食塩の微粒子となって存在しており，これらの粒子が核となってその周囲に水蒸気が凝結し水滴を生ずる。

(3) 分 散 法

農薬の散布や塗料の吹付けなどの際に噴霧器を利用し，薬剤や塗料などをキリ状に散布することは良く知られている。

この方法は圧縮空気を利用して，液体または揮発性の溶媒に固体を溶解した溶液を吸引し，気流の力によって噴出させるもので，噴出後は溶媒は速かに蒸発し，固体が微粒子となって空気中に分散される。各種の用途によって噴出口(ノズル)の形が変えられ，少量の物質をできるだけ広い範囲に，また均一に散布・塗布するような場合に適している。

(4) 化学反応

化学反応によるエーロゾルの生成の代表的な例として，次のようなものがある。

表 6-2 有色煙の成分と割合

煙　色	配　合　成　分	割合(%)
赤色煙	パラニトロアニリンレッド	65
	塩素酸カリ	15
	乳糖	20
青色煙	インジコ	40
	塩素酸カリ	35
	乳糖	25
黄色煙	オーラミン	34
	クリイソジンオレンジ	9
	塩素酸カリ	33
	乳糖	24

アンモニア水のビンと塩酸のビンを近づけると，空気中の湿気によってそれぞれのビンからアンモニウム・イオンと塩素イオンを生じ，これらのイオンが互いに反応して塩化アンモニウムの結晶核を生ずる。さらに発生した結晶核がいくつか凝集して微粒子となるために白煙となる。

また信号煙として利用される煙は，その目的から有色である。一般にこれらの有色煙は，塩素酸カリと乳糖の混合物に適当な染料を加え，これを点火すると乳糖の燃焼によって生ずる熱のために染料が蒸発する。蒸発した染料は空気中で再び凝結・固化して有色煙となる。**表 6-2**[4]は，代表的な有色煙の組成とその配合割合を示したものである。

C. エーロゾルの性質

(1) 粒子の大きさ

エーロゾル粒子の大きさは，その発生機構や浮遊状態での環境条件によって異ってくるのが普通である。**表 6-3**[5]は代表的なエーロゾル粒子の発生直後における，おおよその粒子径を示したものである。

表 6-3 代表的エーロゾル粒子と粒子径

エーロゾル粒子	粒径 (μm)	エーロゾル粒子	粒径 (μm)
タバコ煙	0.01～1	殺虫剤	0.5～10
大気粉じん	0.01～1	タルク粉末	0.5～70
カーボンブラック	0.01～0.5	小麦粉	1～80
油煙	0.15～1	石炭粉じん	1～100
顔料	0.1～5	セメント粉じん	5～100
噴霧乾燥ミルク	0.1～10	花粉	10～100

(2) 帯電

いろいろな発生機構から生じたエーロゾル粒子は，粒子間または他の物質との間で起る衝突や，またエーロゾル生成直後には帯電していなくとも，空気中のイオンとの衝突などによって帯電してゆくことが知られている。一般に非金属や酸性酸化物の粒子は正に帯電し，金属や塩基性酸化物の粒子は負に帯電しやすいといわれているが，多くの場合には正電荷，負電荷，無電荷のものが入りまじっている。例えば，発生したタバコの煙の中で，その約半数は無電荷であり，残り1/4ずつ各々正と負の電荷を帯電しているといわれる。

表 6-4 エーロゾル生成直後の帯電量

エーロゾル	粒子径 (μm)	荷電量 (電子の数)
タバコ煙	0.1～0.25	1～2
酸化マグネシウム	0.8～1.5	8～12
粘土	2～4	20～40
ステアリン酸	0.2	1
塩化アンモン	0.8～1.5	12～15

こうした性質はエーロゾルの安定性に大きな影響を与えていると考えられる。

表 6-4[6] はエーロゾル生成直後の帯電量を電子の数であらわしたものである。

(3) 沈　　降

先に第2章(p. 9)で述べたように，普通コロイド液中のコロイド粒子の沈降速度は非常に遅く，ブラウン運動による拡散によってつり合っているために重力によって沈降しない。

エーロゾル粒子の場合は様子が少しことなる。すなわち Stokes の式による沈降速度は，粒子の大きさ，粒子と分散媒の密度差，および分散媒の粘性によってきめられた。しかしながらエーロゾル粒子の大きさは，全体的にコロイド液のそれよりもかなり大きい。またエーロゾル粒子の場合，分散媒は液体でなく気体であるから，その密度はきわめて小さく結果的に浮力も小さい。さらに媒体である気体の粘性は，液体(例えば水)よりもはるかに低いから，沈降しやすい環境になっている。

このような原因によって，静かな大気中では，エーロゾル粒子は重力によって常に沈降しようとする傾向をもっている。

エーロゾル粒子の沈降速度を求める際に，Stokes の式をそのまま利用することは，粒子の形状効果や，かさ密度などの点から困難であるが，この式に補正を加えることによって，エーロゾル粒子の粒径と空気中における沈降速度との関係の概略を知ることができる。**図 6-13**[7] 中で点線で示された部分は補正に

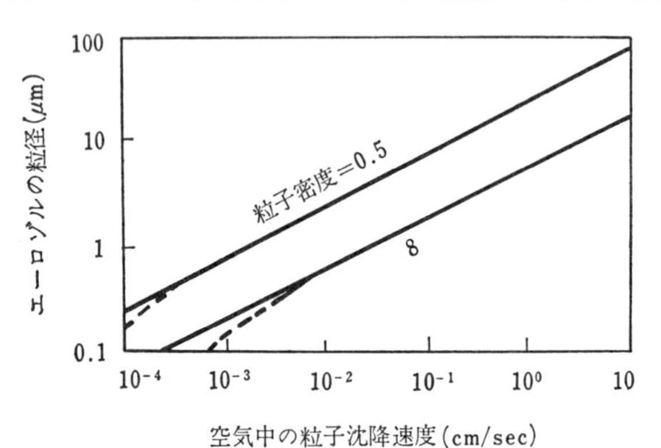

図 6-13　ストークス式および補正式（ストークス・カニンガム式）によるエーロゾル粒子の沈降

よるものである。

(4) 安 定 性

煙が消えやすく不安定であることは，日常生活の経験からよく知られている。

いまエーロゾル粒子の動きを限外顕微鏡で観察すると，不規則なジグザグ運動をしているのが認められる。この現象は先に述べた，コロイド粒子のブラウン運動に他ならない。ブラウン運動による拡散によって，エーロゾルの粒子どうしが互いに衝突して合併し，しだいに大きくなってゆく。大きくなった粒子はより速かに落下してゆくと同時に，粒子の数は以前よりも少くなってゆくから，煙粒子の表面積は減少して光に対する反射量が少なくなり，煙はだんだんうすく見えるようになる。

ところで，静止空間において粒子どうしが凝集してゆく速度は，Smoluchowski によって次のような式で現わされている。

$$\frac{1}{n_t} - \frac{1}{n_0} = K \cdot t \qquad (6-8)$$

ここで n_0 と n_t は時間 $t=0$ および $t=t$ における $1\,\mathrm{m}l$ 中の粒子数であり，K は**凝集係数**である。式 (6-8) をもとに粒子数がもとの数の 1/10 になる時間を計算すると，**表 6-5**[8] のような結果を得る。また**図 6-14** はステアリン

表 6-5 粒子数が 1/10 に減少するに要する時間

粒子数 (個/ml)	時間 (sec)
10^{10}	3
10^9	3×10
10^8	3×10^2
10^7	3×10^3
10^6	3×10^4

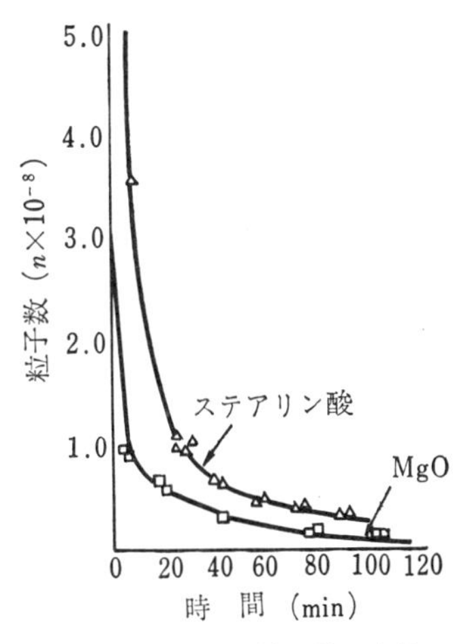

図 6-14 時間と粒子数の変化

酸と酸化マグネシウムのエーロゾル粒子の，時間の経過と粒子数の変化との関係を示したものであるが，その結果は式 (6-8) にしたがっていることがわかる。しかし多くの場合，理論値の K と実測値の K とではかなりかけはなれた値をとることがわかっている。その原因として式 (6-8) が成立つ前提に，分散している粒子は球形であり個々に分散していること(単分散)，さらに粒子間の相互作用はなく，衝突した粒子は必ず合併する，ということを内容として含んでいる。したがってエーロゾル粒子の多くは，こうした仮定から外れた性質をもったものであることが推察できる。

D. エーロゾルの燃焼

エーロゾル中の微粒子が可燃性であり，さらにある濃度以上に微粒子が存在する場合，これに点火すると爆発的に燃焼する。

このようなエーロゾルの燃えやすさを利用して，ボイラーその他の内燃機関では，石炭や石油などの燃料を微細な大きさにして利用している。微細にすることによって空気との接触面積を大きくし，燃焼時の表面積を広くできるからそれだけ燃えやすく，さらに大きな燃焼時の膨張力を得ることができる。

これらはエーロゾルの燃えやすさを有効に使っている場合であるが，こうした性質がかえって不都合をきたしている場合がある。例えば，炭坑内で起る爆発は，石炭が粉砕されて微粒子となって飛散した炭じんに，何かの原因で点火されて起る場合が多い。これと同じような爆発現象は小麦粉工場やデンプン工場，砂糖精製工場などでも起る可能性がある。

一般にエーロゾルの爆発の強さは，粉じん濃度，粉じんの大きさ，酸素量および点火時の温度などによって異なる。

ところである場所でエーロゾルの燃焼がおきても，その燃焼が他の場所に伝わらなければ大きな爆発とはならない。燃焼が次々に伝わるには，すなわち爆発がおきるには，エーロゾル中の各粒子間の距離がせまいことが必要である。いいかえれば一定体積中のエーロゾルの中に，一定量の粒子濃度が必要である。これを**限界濃度**と呼んでいる。

表 6-6 エーロゾルの爆発の限界濃度

エーロゾル粒子	限界濃度 (g/m³)
デンプン	10.3
イオウ	13.7
ショ糖	17.2
石炭	24.1

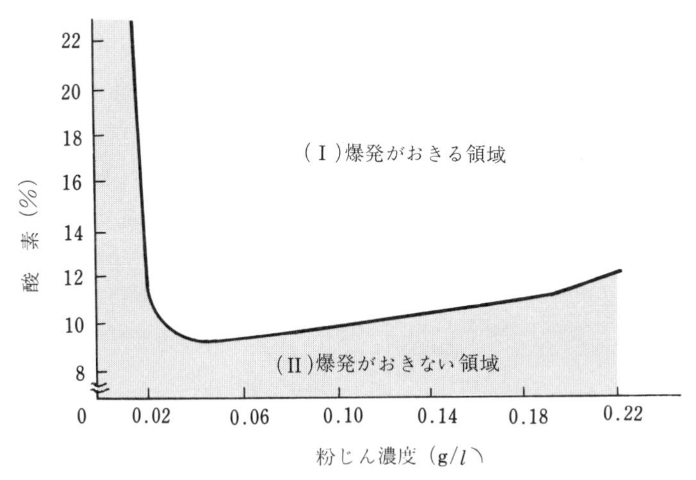

図 6-15　空気/N_2 混合ガスにおけるビスフェノール A の爆発

表 6-6 はエーロゾルの爆発の限界濃度の例を示したものである。これとは反対に，一定量のエーロゾル中の粒子濃度が高すぎても，結果的に酸素不足となるために爆発は起らない。**図 6-15**[9] は酸素濃度と粉じん濃度の関係からビスフェノールAの爆発性を示したものである。この結果からわかるように，粉じんの濃度が 0.02(g/l) 以下では ((Ⅱ) の領域)，酸素の量がいくら多くとも爆発はおきない。また粉じん濃度が増するにつれて，爆発の起る領域は徐々にせばまってくる ((Ⅰ) の領域) のがみとめられる。

E.　エーロゾルの捕集

雨上がりの後の空気が清浄なことは誰しも気付いていることである。これは空気中に浮遊している各種のじんあいが，雨滴に付着して共に降下し，空気中のじんあいの数が減少したためである。

空気中のじんあいは有用な場合もあるが，例えば工場などから排出される煙やじんあいなどは，人体や自然環境にとって有害であるばかりでなく，製薬工場やフイルム工場などにおいても，その製品の管理上，不都合をきたすことが知られている。

このような理由から，エーロゾル中の微粒子を捕集する方法が考えられた。エーロゾルの捕集方法には，重力，遠心力，ロ過，電気などを利用した様々な

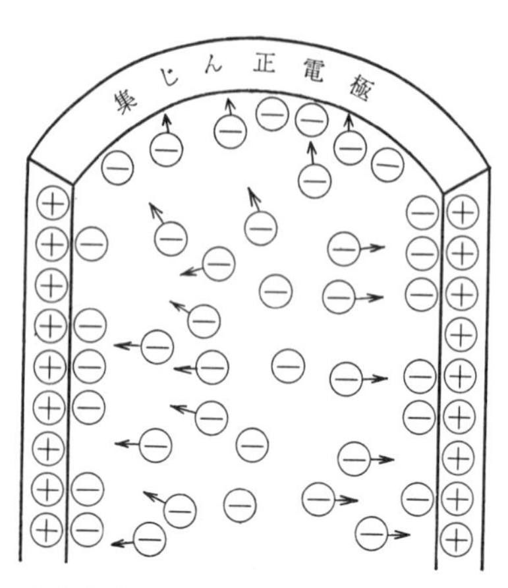

図 6-16 コットレル電気集じん器

方法があるが，これらの中で電気を利用した**電気集じん法**は最も有効な手段の1つである。電気集じん法はこの方法の考案者の名前にちなんで**コットレル**（**Cottrel**）**法**とも呼ばれている。この方法の原理は，エーロゾル粒子を高圧放電（**コロナ放電**）によってふつう負電荷に帯電させ，これらの帯電したエーロゾル粒子を周囲の集じん電極（正極）に引きつけ，電気的に中和して集めるもので，捕集する粒子は固体でも液体でもよく用途はきわめて広い。

こうした捕集によって，煙やじんあい中に含まれている有用な物質を回収して，再利用することも同時に行なわれている。**図 6-16** は電気集じん塔の断面の略図を示したものである。

7. ゾル・ゲル・ゼリー

7・1　ゾル状態とゲル状態—その重要性—

ここにひとつの身近な現象がある。いま濃度が 3〜5% ぐらいのうすいゼラチンの温水溶液をつくり，これを冷やしてゆくと，流動性のあった溶液全体が徐々に凝固してゆき，ついには半透明の固まりになる。この固まりの水分量を測定してみると，実に 95〜98% もの水分を含んでいる。

こうした多量の水分を含んでいるにもかかわらず，固体のような一定の形を保っており，もはや流動性は無くなっている。

ところでコロイド液とはコロイド粒子が液体中に分散している液のことであった。この状態はまた**ゾル状態**または**ゾル** (sol) と呼ばれている (**図 7-1** の (I))。多くの場合コロイド粒子の分散媒は水であり，分散媒が水の場合を**ヒドロゾル** (hydrosol) といい，水以外の有機溶媒の場合を**非水ゾル**または**オルガノゾル** (organosol) と呼んで区別している。

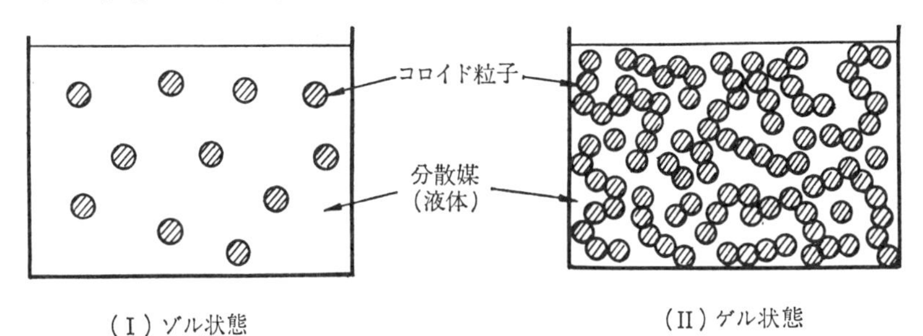

図 7-1　ゾル状態とゲル状態のモデル

さて図 7-1 (I) のゾル状態からコロイド粒子の数を増やしてゆき，結果的に多数の粒子が加わった場合，ゾルの性質はどう変わるであろうか。図 7-1 (II) はその際の状態を視覚的に示したものであるが，粒子どうしが互いに接触し合い，またはこれらの粒子がひも状に長くつながり，それらが互いに複雑に入り組んでいる様子が考えられる。この場合，分散媒としての液体はこれら多数の粒子の間に存在することになる。このような状態においては，もはや分散粒子はブラウン運動をせず，流動性を失って固体に近い性質を示すようになる。こうした状態を**ゲル** (gel) と呼んでいる。

分散粒子の形が球形からずれて，板状や棒状または糸状のような形をとると，粒子どうしの接触やからみ合いが，以前よりずっと起りやすくなって，全体として網目状の構造を生じ，分散媒はからみ合った網目状構造のすき間に介在している。網目状構造中には多量の液体を含んでいるにもかかわらず，流動性は失われて固まり，固体のような性質を示すことがある。先に述べたゼラチン溶液の例は，このような状態に相当するもので一種のゲルであるが，液体の含有量が比較的多く，しかもある程度の弾性を示すことからとくに**ゼリー** (jelly) と呼ばれている。こんにゃく，とうふ，プリンさらに肉類，野菜類，米などのデンプン類などは身近にある代表的なゼリーである。

ゲル中に存在する液体量が減少し，ついに乾爆して残った固体を**乾ゲル**，または**キセロゲル** (xerogel) という。例えば，乾燥剤として利用されるシリカゲル(ケイ酸ゲル)，セロファンの膜，羊毛や絹，綿などのセンイ類，木材，さらに動物の毛，つめ，皮ふ，などはキセロゲルと考えられる。またゾルの中には生命現象に直接関係あるものとして，例えば血液，リンパ液，細胞液があり，さらに細胞膜，筋肉などは特異な構造をもったゲルである。

こうした例のひとつをとってみても，ゾル・ゲル・ゼリーがいかに多く，またかつ重要な物質の状態として存在しているかがわかる。

7・2　ゲル(ゼリー)の生成

A. 冷　　却

ゼラチンの温水溶液(ゾル)を冷やしてゆくと，凝固してゲル(ゼリー)を生ずることは先に述べた。また生じたゲルをあたためると再びゾルにもどる。このように溶液の温度を上げたり下げたりすることによって，凝固や融解が起り，ゾルとゲルの間で可逆的な変化がみられる。ゾルが冷やされて凝固し，ゲルを生ずるときの温度を**ゲル化温度**といい，またゲルが温められて融解しゾルになる際の温度を**ゾル化温度**という。ゾル化温度とゲル化温度は一致しないのが普

表 7－1　ゼラチンのゾル化温度とゲル化温度

ゼラチン濃度(%)	ゲル化温度(℃)	ゾル化温度(℃)
2	3.2	20.0
4	10.5	25.0
6	14.5	27.0
10	18.5	28.5

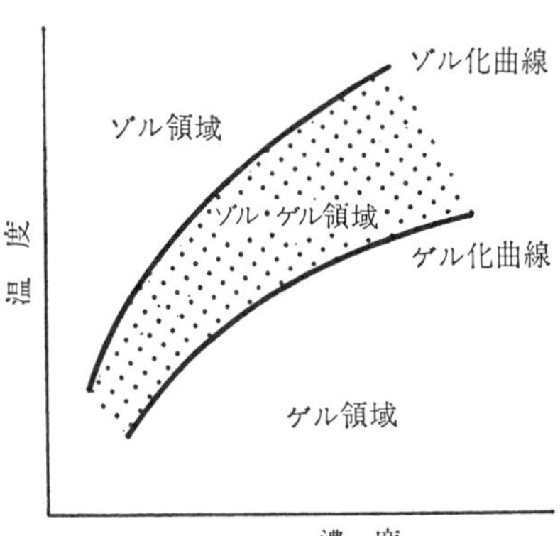

図 7－2　ゼラチン溶液のゾル化温度とゲル化温度

通である。**表 7－1**[1] はゼラチンのゲル化温度とゾル化温度を示したものである。また**図 7－2** はゼラチン溶液のゾル化温度とゲル化温度の概略をグラフにしたものである。表 7－1 から 2% ゼラチン溶液の場合，約 3.2℃ 以下ではゲルとなり，20℃ 以上ではゾルとなる。したがって 3.2～20℃ の間では，ゾルとしてもゲル(ゼリー)としても存在することができる。

また表 7－1 から，ゲル化温度やゾル化温度は溶液の濃度によってもことなることがわかる。

B. 加　　熱

熱によってタンパク質が凝固することは，タンパク質の変性のひとつとして良く知られている。例えば卵の白味を熱すると，白色で不透明なゲル(ゼリー)となる。卵焼き，ゆで卵，茶わん蒸し，プリンなどはこれである。卵白中には卵アルブミンという球状をしたタンパク質が入っている。卵アルブミンは水中で糸状の分子が，ちょうど糸マリのようにまるまった球形に近い状態をしているが，加熱されるとまるまった分子がほぐれて細長くのび，それらが互いにからみ合って，網目状の多量の水を含んだ構造をつくる。**図 7－3** はタンパク質の加熱によるゲル生成のモデルを示した。タンパク質の変性は**不可逆性**であるから，一度ゲル化したものを再びゾルにもどすことはできない。

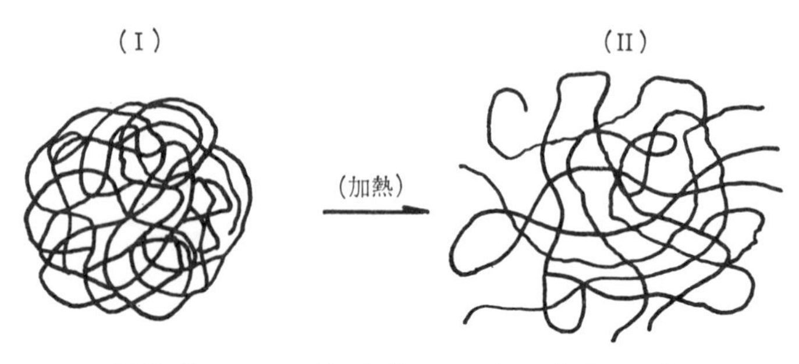

図 7-3 タンパク質の加熱によるゲルの生成のモデル

C. 酸・アルコール・塩類の添加

タンパク質は熱以外にも，酸や塩類・アルコールの添加によっても変性することが知られている。例えば，牛乳にはカゼインやその他のタンパク質が存在している。その中に乳酸菌を加えると，発酵によって乳酸という酸を生ずる。この酸によって牛乳中のタンパク質が凝固されて，ヨーグルト（ゲル）ができる。また塩の添加によって，ゲルを生ずるもののひとつに豆腐がある。豆腐の原料は大豆であり，多くのタンパク質を含んでいる。大豆タンパク汁(豆乳)中にニガリ(塩化マグネシウム)を加えると，大豆タンパクは凝固して大豆タンパク・ゲルすなわち豆腐ができる。

D. 溶解度の減少

固形のアルコール燃料は携帯用の燃料としてよく利用されるが，これもアルコール・ゲルの一種である。これは次のようにして簡単につくることができる。アルコール (95% 以上)の 中に酢酸カルシウムの飽和水溶液を加えながら攪拌すると，溶液全体がにごりはじめ，速やかにこれが凝固して白色のゲルを生ずる。これは酢酸カルシウムの溶解度が急激に減少して，酢酸カルシウムの多数の微粒子が析出したためで，アルコールは多数の微粒子の間隙に存在している。しかしこのゲルは不安定で，数日後には液体（アルコール）と固体（酢酸カルシウム）に分離してしまう。分離を防ぐために前もってオレイン酸ソーダを加えておくと，安定なアルコール・ゲルを得ることができる。

E. 濃厚溶液間の化学反応

濃い溶液間の化学反応によって不溶性の物質を析出する場合，高濃度溶液の粘度は高いので，生成物の溶解度が低いと，拡散は妨げられて大きな結晶は成長できない。この結果多数の微粒子が生じて液体を包囲するために，液体が微粒子間に入り込んだゲルを生成することがある。例えば，硫酸マンガンの飽和溶液とチオシアン酸バリウムの飽和溶液を混合して振とうすると，硫酸バリウムのゲルができる。また炭酸ナトリウム飽和溶液に塩化カルシウム飽和溶液を加えて振とうした場合も，炭酸カルシウムのゲルをつくることができる。

F. キセロゲルの膨潤

ゲル（ゼリー）を一度乾燥したキセロゲル（乾燥ゲル），例えば乾燥寒天，ゼラチン粉末を水につけておくと，水を吸収して膨張し弾性のあるゲル(ゼリー)を生ずる。この現象を**膨潤**と呼んでいる。この他にも昆布，わかめ，豆類，木材，毛髪なども水によって膨潤する。

膨潤が起るのは水中ばかりではない。ゴムは水中では膨潤しないが，ベンゼンやクロロホルム，四塩化炭素などの有機溶媒中で膨潤する。また吸湿剤としてよく利用されるシリカゲル（乾燥ケイ酸ゼリー）は，水を加えても膨潤しない。膨潤については後で再びふれる（p. 167 参照）。

7・3　ゲル(ゼリー)の構造―弱いゲルと強いゲル―

これまでにいくつかのゲル(ゼリー)の例をみてきたが，ゲルはその支持構造の強さや，ゲル中に存在する液体の量，ゲル中の粒子間の結合力の種類，粒子の形，濃度および粒子どうしのからみ合いの状態などによって，構造や性質がきまってくる。一般にゲル(ゼリー)は次の3種類の構造にわけて考えることができる。

A. 不安定な支持構造をもつゲル(ゼリー)

水酸化アルミニウムや水酸化第二鉄，ベントナイト，グラファイトなどのゲルのように，構成粒子が板状や棒状をしている場合には，これらの粒子は互いに弱い力（van der Waals 力）で結びつけられている。そのためにゲルの支持構造は非常に弱く，振とうなどによって容易に構造は破壊されて，流動性のあるゾルに変化する。このような性質をチキソトロピーといった（p. 63 参照）。

また生ゴム（加硫されていないゴム）やポリスチレンのような線状高分子が常にからみ合ったり，弱い力で互いについているような構造のゲルも，この部類に属する。このような物質は適当な溶媒中に入れると，まず膨潤して時間とともに次第に溶解してゆき，支持構造はときほぐされて破壊する。

B.　準安定な支持構造をもつゲル（ゼリー）

ゼラチンや寒天のゲル（ゼリー）は多量の水分を含んでいるにもかかわらず，弾性があり比較的安定な構造をしている。

ゲルを構成している寒天やゼラチンの分子中には，カルボキシル基やアミノ基などをもっているために，分子が接触したりからみ合った際に単なるからみ合いとはならず，これらの間に比較的強い水素結合のような二次的な化学力によって互いに結ばれている。またゲル中の水分の一部は分子と強く結合しているために，振動を与えてもゲル構造がこわれることはない。しかしながら，ゲル（ゼリー）の温度を上げると溶解してゾルとなる。

C.　安定な支持構造をもつゲル（ゼリー）

ケイ酸ナトリウム溶液に酸を加えてできるケイ酸ゲル（ゼリー）は，安定な支持構造をもっている。これはゲル構造のところどころに，強い化学結合による**橋かけ結合**（**架橋**）ができており，全体として3次元的な網目状の構造をしているためである。**図 7-4** はケイ酸ゲルの構造の一部分を示したものである。

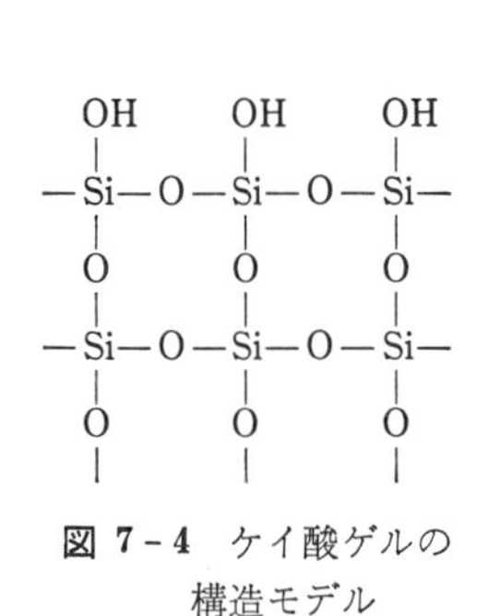

図 7-4　ケイ酸ゲルの構造モデル

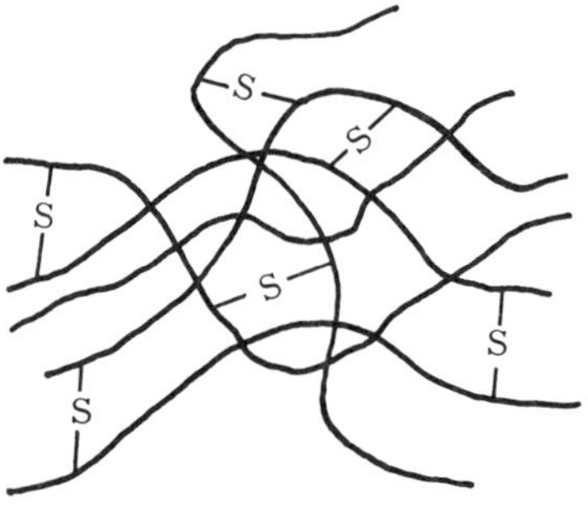

図 7-5　加硫ゴムのゲル構造モデル

この種の安定な支持構造をもったゲルにはこの他にも，生ゴムにイオウを加えて加熱してできる加硫ゴムがある。イオウ原子は生ゴムの鎖分子と反応して，分子間に橋かけ結合を作る。**図 7-5** は加硫ゴム構造のモデルを示したものである。これらの**網目状高分子**はどのような溶媒にも溶けることはないが，架橋の数が少いと，あるていど膨潤して弾性のあるゲルとなる。架橋の数が多い場合には，それだけ構造は強くなりほとんど膨潤することはない。

7・4　ゲル・ゼリーの性質

A. 膨　潤

（1）　有限膨潤と無限膨潤

豆類や昆布，わかめなどを水につけておくと，しだいに水を吸ってふくれ，柔らかくなる。また乾燥寒天や乾燥ゼラチンも同様に水につけておくと，膨張して弾性のある柔らかいゲル(ゼリー)となることは先に述べた通りである。

このように一般にキセロゲル(乾燥ゲル)が，水や有機溶媒などの液体を吸い込む現象を膨潤と呼んでいる。一方，セッケンを水中に入れておくと，膨潤がいつまでもおこり続けて，ついにはすっかりセッケンは溶けてゾルの状態となる。このような膨潤を**無限膨潤**という。これに対して豆類や昆布，わかめ，木材などはあるていど膨潤すると，周囲に水や有機溶媒が存在してもそれ以上は膨潤せず，セッケンのように分子がバラバラになって溶けてしまうことはない。このような場合を**有限膨潤**という。したがって無限膨潤はキセロゲルが水や有機溶媒に溶けてしまうことであり，有限膨潤は溶媒が高分子物質の中に入り込んだ状態と考えることができる。ところで条件によっては有限膨潤にも無限膨潤にもなることがある。例えば，寒天やゼラチンは冷水に溶かすと有限膨潤をするが，これを温水に溶かした場合には，無限膨潤を起してゾルとなってしまう。

また生ゴムをベンゼンに溶かすと，無限膨潤を起して溶けてしまうが，生ゴム分子がイオウ原子で橋わたしされた（図 7-5 参照）加硫ゴムは，網目状構造ができているために有限膨潤するのみである。

（2）　膨潤の速度

膨潤の速さはキセロゲルの種類や，周囲の溶媒の種類，温度，浸漬時間，さらに同一物質でもその状態(粉体状，粒状，糸状など)によって異ることが知ら

表 7-2　カンテンの吸水膨潤度（20℃）
（乾物を1とした場合の重量比）

浸漬時間	角カンテン	細カンテン	粒状カンテン
5分	9.0	7.0	8.2
30	13.0	10.6	8.4
1時間	16.6	14.6	9.0
5	19.5	19.8	10.5
10	20.5	20.5	10.9

れている。例えばカンテンについて，その状態だけを変えて他の条件を同じにした場合の吸水膨潤度をみると，**表 7-2**[2)]のような結果が得られている。カンテン状の形状のちがいによる吸水膨潤度の差が，時間の経過とともにはっきりあらわれてくるのがわかる。

一般に膨潤の速度は 1g のキセロゲルによって1秒間に吸収される溶媒の量として決められている。いま 1g のキセロゲルによって，t 時間に吸収された溶媒量を V，また吸収された溶媒の最大量を V_{max} とすると，次の関係が成立つことが古くからわかっている。

$$\frac{dV}{dt} = k(V_{max} - V) \qquad (7-1)$$

ただし k は比例定数である。

この式は膨潤（有限）が**一次反応**であり，**膨潤速度** dV/dt が $(V_{max} - V)$ に比例することを示している。このことは，ごく初期の膨潤では膨潤速度が非常に速く，時間経過によって溶媒がキセロゲルに吸収されてゆくにつれて，その速度が減少してゆく。図 7-6 はこの関係を一般的なかたちであらわしたものである。

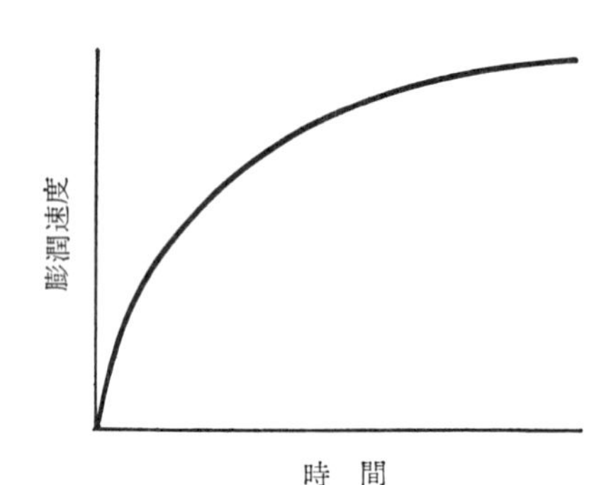

図 7-6　キセロゲルの膨潤速度と時間の関係

（3）膨　潤　圧

ガラス製の容器に大豆をぎっしりとつめ，これに水を充分に入れて放置しておくと，大豆が水を吸収して膨潤し，その際の圧力でガラスはこわれてしまう。一般にキセロゲルが溶媒を吸収すると体積がふえるが，これはキセロゲルが外からの圧力に打勝ってふくれる（または仕事をする）ので，キセロゲルを一定の大きさに保つためには，それだけ外からこれに圧力を加えなければならないことになる。この圧力を**膨潤圧**と呼び，一般的にきわめて大きく，昔から経験的に木材などの膨潤圧を利用して石や岩をくだいた。また現在でもビルなどの建築物の静かな破壊の手段として，膨潤剤による膨潤圧を利用している。

膨潤圧を測定する装置のひとつに，**フロインドリッヒ** (Freundlich) と**ポスニヤック** (Posnjak) の考案した膨潤圧測定装置(**図 7-7**)がある。その主要部分は多孔質の底をした円筒状をしており，キセロゲルを試料として器内に入れてから溶媒中に装置を沈める。次に図のように管と毛細側管に水銀をみたしてから，ガスで圧力をかけ，キセロゲルの膨潤時にこれとつり合わせて圧力計で膨潤圧を測定する。

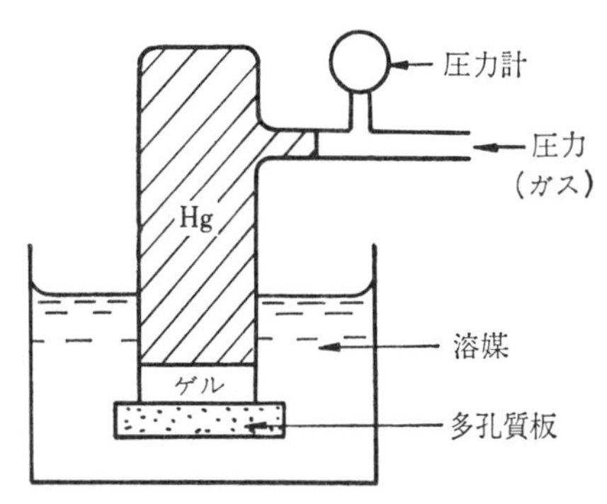

図 7-7 フロインドリッヒ・ポスニャック のゲル膨潤圧測定装置

B. ゲル(ゼリー)強度

ゼリーが多量の水分を含みながら，その形を保つことができるということは，特にゼリー状の食品などにとって重要な特性であって，外力に対するゼリーの抵抗力を一般に**ゼリー強度**と呼んでいる。

ゼリー強度の測定法のうち，しばしば利用されるものに**図 7-8** のようなカードテンション・メーターがある。その操作方法は，試料台 (D) の上に試料 F (ゼリー) をのせて，一定速度で試料台を押し上げてゆくと，ゼリー強度の強いうちはナイフ (B) は上方に押し上げられてゆくが，ナイフにかかる力がゼリー強度以上になると，ナイフはゼリー中にめり込む。その際の値を記録紙に記入する。

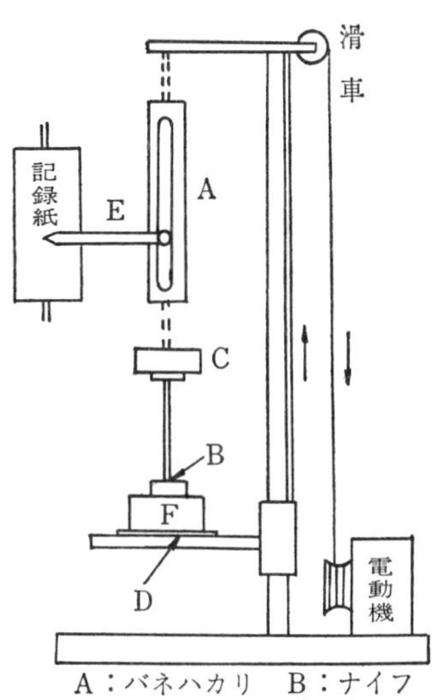

A：バネハカリ　B：ナイフ
C：荷　重　D：試料台
E：指　針　F：試　料

図 7-8 カードテンション・メーター説明図

ゼリー強度はいろいろな条件によって変化する。その中でもゲル濃度や放置温度，添加物はゼリー強度に大きな影響を与えている。いまカンテン・ゼリーを例にとり，その影響をみてみよう。

（1） ゲル濃度

カンテンは長い分子のところどころに，硫酸基やカルボキシル基をもつ複雑な多糖類の一種であり，同時に高分子電解質である。カンテン・ゼリーがある程度のゼリー強度を示すためには，カンテン分子が互いにからみ合ってできる集合体が，さらに結合し合った構造を作る必要がある。このことからカンテン分子の数が多いほど，すなわち濃度の高いほどじょうぶなゼリー構造を作りやすいと考えられる。

図 7-9[3)]は，カンテン濃度とそのゼリー強度の関係を示したものであるが，濃度の増加とともにゼリー強度が比例的に増大してゆくのが認められる。

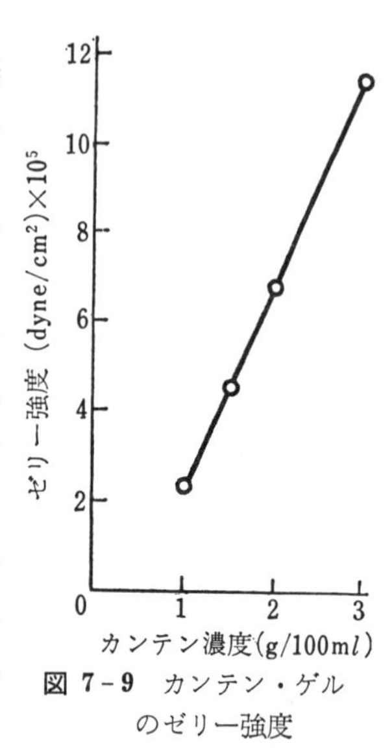

図 7-9 カンテン・ゲルのゼリー強度

（2） 放置温度

カンテン・ゲルはカンテン・ゾルを放置して凝固させるが，一般にカンテン溶解後，5分後に凝固器に注入し，20°C で約2時間放置して凝固させ，20°C の恒温水槽に入れて，15時間後にゼリー強度を測定する。凝固後は温度による

表 7-3 放置温度とゼリー強度 (g/cm)

放置温度＼試料	A	B	C	D	E
6°C	670	594	454	392	331
10	688	604	460	399	335
13	688	610	464	398	330
17	692	615	471	408	345
20	704	617	478	411	347
23	711	627	490	419	353
26	722	639	495	430	362
29	735	653	514	436	369
32	762	663	526	443	379

ゼリー強度への影響は少ないが，放置中の温度は水分の蒸発量と密接な関係がある。

表 7－3 は各試料について，放置温度を変えた場合のゼリー強度を示したものである。

各試料とも放置温度の上昇とともに，ゼリー強度は強くなっていることがわかる。特に 23℃ をこえるとゼリー強度は急激に強くなってくるが，カンテン分子の構造に変化が生じたためと考えられる。

（3）　添 加 物 質

ゼリー強度はゲル中に溶かされる添加物質の種類によって，影響をうけることが認められている。例えばカンテン・ゲルに砂糖を加えてゆくと，添加する砂糖濃度の増加とともにゼリー強度は大きくなり，砂糖 60％ 添加の場合は無添加の場合の約 2.5 倍にもなる（**表 7－4**）[4]。しかしゼリー強度は添加物質によって常に大きくなるとは限らない。カンテン・ゲルに果汁を加えて熱すると加水分解によって弱いゲルとなる。またカンテン・ゲルに牛乳を加えると，牛乳中の脂肪やタンパク質がカンテン・ゲルの構造を阻害して，その結果ゼリー強度が弱められると考えられている。

表 7－4　砂糖添加によるゼリー強度の変化

砂糖濃度（％）	ゼリー強度（$dyne/cm^2$）
0	2.2×10^5
20	3.1×10^5
40	4.2×10^5
60	5.7×10^5

C.　結合水と自由水―ゼリーの凍結―

水は 0℃ で凍るが，多量の水分を含んでいるゼラチン・ゼリーは，0℃ では凍らない。ゼラチン・ゼリーを冷却してゆくと，その周囲から徐々に凍りはじめて氷ができてくるが，中心部分はなかなか凍らず，相当な低温にしてもどうしても凍らない**不凍ゼリー**部分が残る。この不凍部分のゼラチン濃度を測ってみると約 65％ である。したがって残りの約 35％ は水である。この水はゼリー中にただ混っている水とはちがって，ゼラチン分子と強く結合している水と考えられる。このゼラチン分子に水和している水を**結合水**と呼び，これに対してただ混っている普通の状態の水を**自由水**といって区別している。

ところで水分の検出によく利用される塩化コバルトは，水分にあうとピンク色を示し，乾燥すると青色にもどる。ゼラチン・ゼリーを乾燥してゆく際，その状態の変化を塩化コバルトを用いて色の変化で調べてみると，まだ完全にゼラチン・ゼリーが乾燥していないうちに塩化コバルトの色がピンクから青色に変わる。この時のゼラチン・ゼリー中の水分量を測ると約 35% で，この値はさきの実験値とほぼ一致する。このことから塩化コバルトが作用できる水は自由水であって，ゼラチン分子と強く結合している水，すなわち結合水とは作用できないことがわかる。

結合水の量は動物性のゼリーと植物性のゼリーとでは異なる。このことは次の事実から知ることができる。例えば，凍結したゼラチン・ゼリー(動物性)をあたためてゆくと，再びとけてゼリー状にもどるが，凍結したカンテン・ゼリー(植物性)を同様にあたためると，氷は水となって流出し，後にはかさかさした多孔質の固体が残り，ゼリー状とはならない。このような現象のちがいは，結合水が多いか少いかによるものと考えられる。

一般に動物性ゼリーの氷結点は低く −20°C ぐらいにもなるが，植物性ゼリーのそれは 0°C よりあまり下がらない。このことからも結合水の量のちがいが，動物性ゼリーと植物性ゼリーの性質に影響を与えていることがわかる。

凍りドウフや凍りコンニャクは，植物性ゼリーのこのような性質を利用して作られたものである。

D. 離　　漿

ゼラチンやカンテンのゲルを密閉した容器に入れておくと，しばらくしてゼラチンやカンテンが汗をかいたように，ゼリーの表面に水滴がたまってくる。この現象を**離漿**と呼んでいる。この現象は湿った空気中でも，また低温でも起るので乾燥による脱水とは異なり，生ゴムやケイ酸，デンプン，五酸化バナジウムなどにもみられる。

この現象で脱水される水は自由水であって結合水ではない。このことは次の実験から理解することができる。

水ガラス(ケイ酸ソーダ)に塩酸を加えて生成したケイ酸ゼリーの中には，水の他に反応の結果生じた塩化ナトリウムが含まれている。いま離漿によって分離された水の中の塩化ナトリウムの濃度を，時間の経過とともに測ってみると

表 7-5[5]のような結果が得られる。この結果から塩化ナトリウムの濃度は，時間の変化に関係なく一定であることがわかる。

表 7-5　ケイ酸ゼリーの離漿

ゼリー生成後の時間 (hr)	分離した液量 (ml)	分離液中の食塩の濃度 (%)
60	18	6.53
111	78.7	6.51
253	116	6.58
395	135	6.58

ところでゼリー中の結合水はケイ酸分子と水和しているから，塩化ナトリウムは自由水の中にとけていることになる。もし離漿によって結合水が，塩化ナトリウムを含んだ自由水とまじって出てくるとすれば，時間がたって離漿が進行するにつれて，分離液中の塩化ナトリウムの濃度は減少するはずである。

したがって塩化ナトリウムの濃度が時間の経過に関係なく一定であるということは，結合水の脱水は起らずに，ゼリーの網目状構造間にふくまれる自由水にとけた塩化ナトリウム水が，構造の収縮によって徐々に押し出されてくる現象と考えることができる。

次にカンテン・ゼリーについて，ゼリーが生成されてからの時間と，その離漿量との関係をみると，図 7-10[6]に示すようにカンテン濃度の高いほど，離漿量が少なくなる傾向を示していることがわかる。これに反してケイ酸ゼリーの場合，濃度の高いほど離漿は著しく，さらにゼリー中の pH が弱酸性および弱アルカリ性の場合に，強い離漿をあらわすことが実験的に知られている。

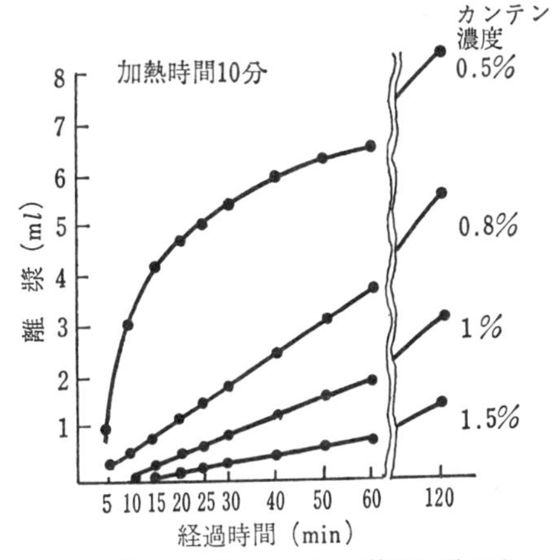

図 7-10　カンテン・ゲルの離漿に及ぼすカンテン濃度の影響
(カンテン 94g，室温 19℃)

E．ゲル中の水分子の性質

先に述べたゲルの凍結や離しょう現象から，ゲル内には自由水と結合水の2種類の水が存在することが分かったが，ゲル中に含まれる水分子の性質は，純水のそれに比べて著しく異なることが知られている。特にゲル中の水分子の運動は，純水に比べて周囲からなんらかの束縛を受けて運動が遅くなっている。その原因は高分子ゲルによって作られる網目の隙間による効果や，水素結合，ゲル中に存在する結合水の量や結合水の結合の強さ，さらにゲルじたいの構造によるものと考えられている[7),8)]。

いまゲルの濃度をあげてゆくと，高分子ゲルの網の目の密度は高くなり，ゲルの隙間（空孔）のサイズが小さくなって，水分子の運動は束縛される筈である。**図 7-11**[9)] は，重合反応によって化学的に合成されたポリアクリルアミドゲルの濃度とそのゲルの空孔サイズの関係を示したもので，ゲル濃度の増加と共にゲルの空孔半径の減少が認められる。しかし水分子の大きさがゲルの空孔サイズより小さくとも，水分子はゲル中でその運動が束縛されることが知られている。したがってゲル中で水分子の運動を制限するような別の因子が存在すると考えられる。

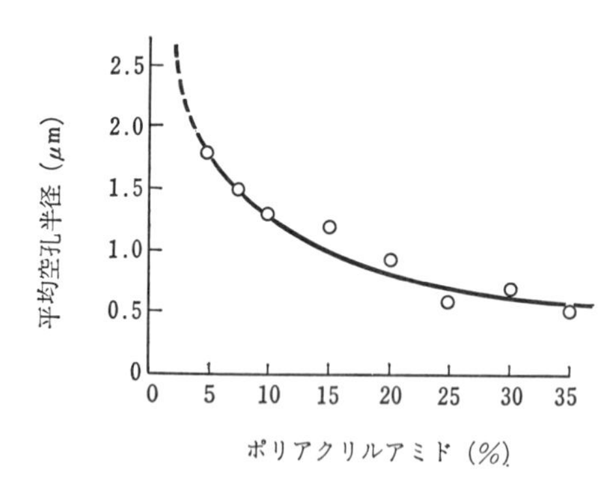

図 7-11　ポリアクリルアミド濃度と空孔半径

一般にゲルは水素結合を形成できるような，いろいろな種類の官能基を分子中にもっていて，水分子はこれらの官能基との間の相互作用によって，結合力の異なった結合水を形成することができる。

周知のごとく，水は普通 0°C で氷結するが，ゲル中の水や生体組織中の水には 0°C 以下になっても氷結しない成分がある。これが不凍水であり，不凍水は結合水に由来することは先に述べた。ところで常温付近では自由水と結合水との間で，非常に速い交換が起きているために，一般に自由水と結合水を直接的に判別することは難しい。Zimmerman-Britten[10)] によれば，ゲル中で高分子鎖に結合している運動速度の遅い結合水が，純水に近い速い速度で運動している自由水の運動を束縛するために，その運動は全体として遅くなるとされている。このことからゲル中の結合水の量，およびその結合の強さは，ゲル中での水分子の運動を左右する重要な要因のひとつであることがわかる。片山[7] らはゲル中の結合水の量を，先のアクリルアミド高分子ゲルを用いて，その中に存在する不凍水の量から求めた。**図7-12**はその結果を示したもので，ゲルの重合度濃度と不凍水量はほぼ比例関係にある。また**図7-13**は12%のアクリルアミドゲルに架橋剤として，N,N'-メチレンビスアクリルアミドの量をいろいろかえて調製したアクリルアミド架橋ゲルの場合の架橋度と不凍水量の関係を表したもので，架橋度の増加とともに不凍水の増加がみられる。これらの結果をもとにゲル中の結合水としての水分子の数を単位解離基あたりについて検討すると，架橋ゲルの場合の方が重合度ゲルの場合よりも多くの結合水を保有することが認められた。この事はとりもなおさずゲルの構造がゲル中の結合水の量に大きな影響を与えていることを示唆しているといえる。

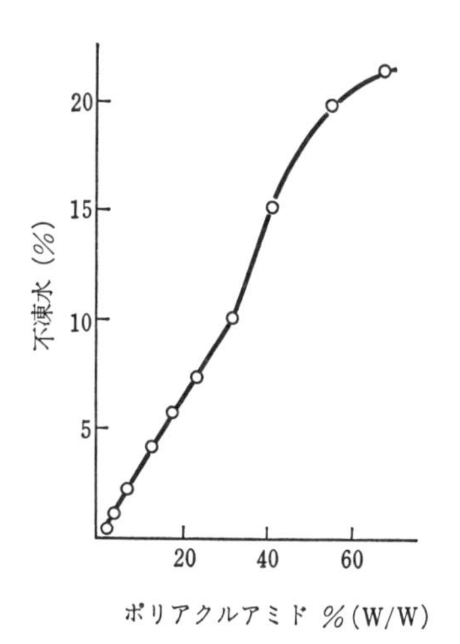

図 7-12 ポリアクリルアミド重合度ゲル中の不凍水の量

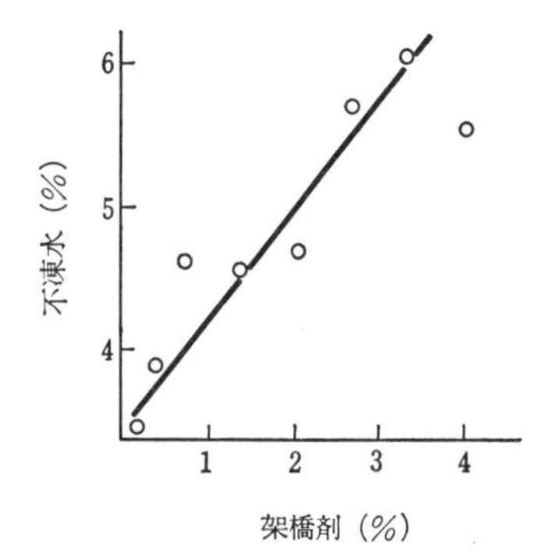

図 7-13 アクリルアミド架橋度ゲル中の不凍水の量

7・5 ゼリー中の沈殿反応―リーゼガング現象―

いま約0.3%ぐらいの重クロム酸カリウムを含むゼラチン溶液を，シャーレのような円板状の器に流してゲル化しゼラチンゼリーを作る。このゼリーの表面の中心に硝酸銀の濃厚溶液を1滴おとし，しばらくするとゼリー表面上にレ

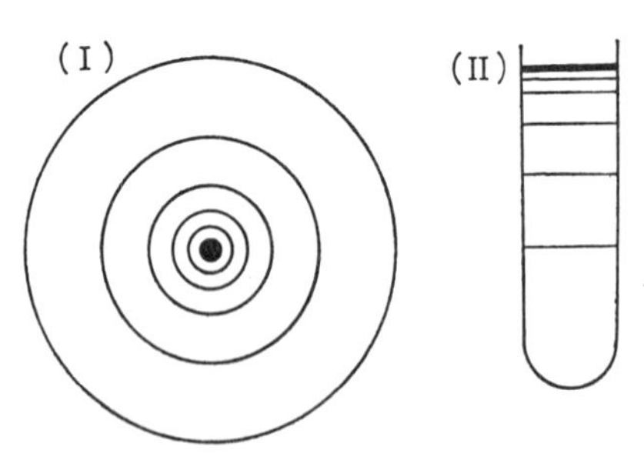

図 7-14　リーゼガングの輪
(I) 円盤状　(II) 円柱状

ンガ色をした同心円状のしま模様があらわれる (**図 7-14**)。この現象は発見者にちなんで**リーゼガング** (Liesegang) **現象**といい，生じたしま模様を**リーゼガングの輪**と呼んでいる。

一般に反応によって沈殿を生ずるような2種の電解質のうちの一方を，前もってゲルの中に加えておき (この電解質を **内部電解質** という)，後からもう一方の電解質 (**外部電解質**) の濃厚溶液を，ゼリーの中心に一滴てきかすると，電解質間の沈殿反応によって沈殿が析出する。

リーゼガング現象については，一応次のような説明がなされている。すなわち，前もってゼリー中に加えられている重クロム酸カリウムは，ゼリー中に均一に分散している。この状態であとからゼリーの中心部に濃厚な硝酸銀が添加されると，銀イオンはゼリー中に拡散してゆき，クロム酸イオンとの間にクロム酸銀の沈殿を生ずる。しかしクロム酸銀はかなり過飽和にならないと沈殿してこない。ひとたびクロム酸銀の沈殿が生ずると，この沈殿が核の役目をはたして周囲のクロム酸銀はつぎつぎとこの上に沈積してゆく。そのために近くにあったクロム酸イオンは使いはたされてしまい，新たに拡散してくる銀イオンがあっても，沈殿を生ずることはできない。しかしさらにはなれた場所には，まだクロム酸イオンは十分残っているから，銀イオンがその場所まで拡散してゆけば，再び沈殿を生ずることができる。このようにして順次に同心円状の，または試験管の場合 (図の (II)) には，層状の沈殿ができてゆくが，その間に銀イオンが使いはたされて，だんだんとうすくなってくるために，沈殿によって生ずるリーゼガングの輪はうすれてゆく。

リーゼガングの輪はいつも同心円状となるとは限らず，ウズ巻状とか円柱状ゼリーの場合には，ラセン状になることもある。

7・6　ゲルロ過—分子ふるい—

さきにコロイドの精製の項 (p. 7) で述べたように，セロファンのような半透膜を使った膜透過によって，コロイド液中に存在する小さい分子やイオンをコロイド粒子と分けて精製することができる。

膜透過や限外ロ過の際に利用される半透膜，例えばセロファンやコロジオン膜（ニトロセルロース）はみなゲル（ゼリー）状態である。ゼラチンやカンテンのゼリーは，糸状の分子が互いにからみ合い網目状の構造をしており，この中に多量の水分を含んでいる。水の中の一部分はゼリー構造の骨格と水和しているが，その他の大部分の水はゼリー構造の骨格のすき間をうめている。

こうした構造をもったゼリー中を物質が移動する場合，移動する物質（または溶質）の大きさによって移動の速度がちがってくる。例えばナトリウムや塩素イオンのような小さい分子やイオンは，ゼリー構造中の網目を自由に通過することができるので，これらが水中を拡散する時の速度と，ゼリー中を移動する速度はほとんど同じであることがわかっている。しかし溶質の大きさが大きくなってくると，ゼリー中を自由に通ることは困難となり，移動速度は遅くなる。さらに溶質がゼリーの網目の大きさよりも大きくなれば，まったくゼリー中を通ることはできなくなってしまう。

こうしたことを利用して，分子または粒子の大小を分けることができる。

コロジオン膜のように，膜の穴の大きさを広い範囲（1 nm～100 nm）以上で調節することのできる膜は，いろいろな物質の分離に役立っている。

またゲルを利用した分離法に**セファデックス**（キセロゲル）を用いた**“ゲルロ過法”**がある。セファデックスはデキストリンという多糖類（鎖状高分子）に橋かけ結合をほどこして，3次元的な**網目状構造**（**架橋高分子**）をした白色の粒状粉体である。このセファデックスを**図 7－15** のようなカラム（円柱状容器）につめて，水を入れると，個個のセファデックス粒子が水を吸って有限

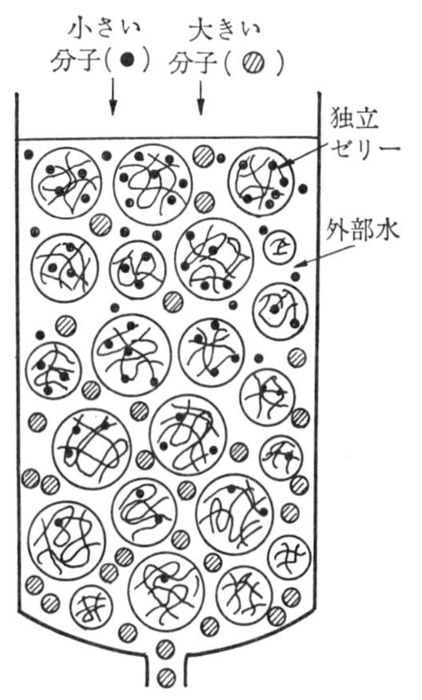

図 7－15　ゲルロ過による分子ふるいのモデル図

膨潤する。膨潤したセファデックス・ゼリーの粒子間は，ゼリー自身が内部に保有している**内部水**以外の水，すなわち**外部水**によってうめられている。

このようなカラムの中に大小の分子(粒子)を含む溶液を入れると，大きい分子(粒子)は小さい分子(粒子)よりも早くカラムから流出する。この現象は先の膜透過の場合と逆の結果となっている。小さい分子(粒子)はゼリー構造の網目をくぐってその中に拡散してゆき，そこを通過するために移動速度はおそくなる。これに対して大きい分子(粒子)はゼリー構造の網目を通ることができず，ゼリー粒子のまわりをうめている外部水の中を流下することになる。この現象はゲルの性質を利用して，分子の大小を分けることができる一種の“**分子ふるい**”と考えることができる。

ゲルロ過に使用されるゲルは，セファデックス以外にも種々の架橋高分子が考えられており，タンパク質や多糖質およびその他の高分子の精製分離に役立っている。

7・7　人工ゲル—高分子ハイドロゲル—

ゲルを構成する高分子の鎖のなかに，イオンに解離する官能基を持ったものを総称して高分子ハイドロゲルとよんでいる。天然ゲルの成分はほとんど高分子の糖やタンパク質から成っていて，その構造中にイオンに解離する基を持っているものもあるが，その例はむしろ少ない。従来の天然ゲルに対して人工ゲルともいうべき高分子ハイドロゲルのひとつにポリアクリルアミドゲルがある。これはアクリルアミドとアクリル酸ナトリウムおよびビルアクリルアミドを共重合させたもので，化学的につくられたものである。合成時の原料によって，高分子鎖中にカルボン酸やスルホン酸の塩を解離基として持てば，アニオンゲル（負の電荷を持ったゲル）となり，第4級アミン類の塩などを解離基として持てばカチオンゲル（正の電荷を持ったゲル）となる。化学反応によって合成された人工ゲルは，天然ゲルに比べて均質であり不純物を含まないという特徴がある。

高分子ハイドロゲルは従来の高分子ゲルと同じように，外から押すとへこみ，はなすと元の姿に戻るという性質を持っているが，ゲル内に電荷をもっている点が異なる。そしてこの事が従来のゾル－ゲル間の相転移現象と本質的に異なる新しいタイプの相転移現象，すなわちゲル－ゲル間の相転移現象というきわめて特徴的な膨潤－収縮現象を示す根本的な原因となっている。

田中[11),12)]は高分子ハイドロゲルがゲルをとりまく外界の条件によって，その周囲の溶媒を吸って体積を大きくして膨潤したり，反対にゲル中の溶媒を外界へ放出してそれ自体は収縮するという可逆的で不連続な，ゲルの膨潤収縮現象のメカニズムを発見した。こうした高分子ハイドロゲルの膨潤－収縮現象はゲルの内外の浸透圧の差によって引き起こされる。したがってゲルの内外に浸透圧差を生じさせるような条件にあえば，ゲルは大きな体積変化を引き起こされることになる。そのような条件として現在，温度[13),14)]，pH，溶媒の種類および濃度[15)]，光などが知られている。**図7－16**[16)]は種々の電荷密度を持った高分子ハイドロゲルと，各々異なった組成のアセトン－水の混合溶媒との関係を示したもので，典型的なゲル－ゲル相転移現象を見ることができる。

いま，高分子ハイドロゲルを各組成の溶媒中に十分に膨潤平衡に達するまで漬る。その後ゲルの体積を測定して溶媒（アセトン）濃度とゲルの膨潤比との関係を求めた。図中の(a)は電荷密度がゼロの高分子ハイドロゲルを表し，(b)

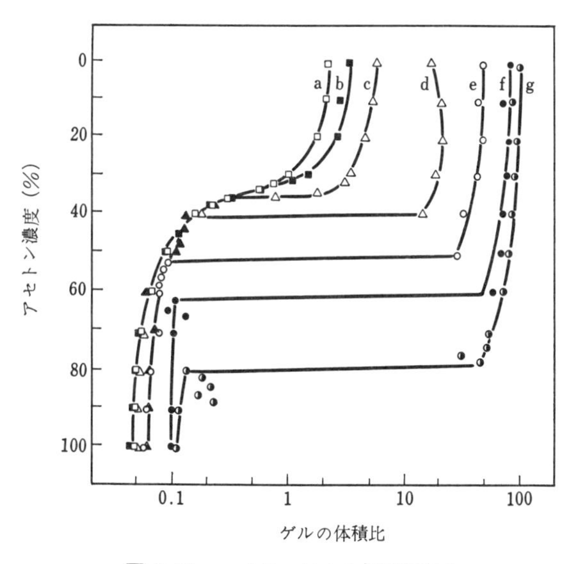

図 7-16　ハイドロゲルの相移転現象

(c)(d)……(g)の順にゲル中の電荷密度は大きくなる。アセトンの濃度がゼロのとき，すなわち水中ではどのゲルも十分に膨潤した状態をとっている。この時の各ゲルの体積膨潤比をみると，電荷密度の大小によってその比が異なっているのがわかる。すなわち電荷密度ゼロのゲル(a)の約 1.2 に対して，この場合一番電荷密度の大きいゲル(g)はゲル(a)の約 100 倍近くも体積が増えている。溶媒中のアセトンの割合を少しずつ増加してゆくと，ゲル(a)ではその体積をS字状に減少してゆき，アセトンが100%の溶媒時では元の体積の約 1/10 に収縮する。一方ゲル(d)では，体積変化がゲル(a)のように膨潤から収縮への変化が連続的ではなく，すなわち不連続な体積変化が現れる。この現象はゲル中の電荷密度が増えるに従って，不連続の幅（図中の水平線部分の長さ）が次第に大きくなってゆき，さらに不連続な体積変化を起こす溶媒のアセトン濃度は高い領域に移動し，体積変化も大きくなる。もしアセトン組成の高いほうから低いほうへと溶媒を変えていっても，全く同じ過程をへて元に戻るという可逆性が確認されている。

こうした特異なゲル－ゲル相転移現象が起きるためには，ゲルに何らかの力が働いているはずである。田中[11),12)]によれば，その駆動力はゲルに働く浸透圧であり，それは次の 3 つの要素に由来する。すなわち，(イ)化学的要素によるもの，(ロ)ゲルの持つ電荷によるもの，(ハ)ゲルのゴム弾性によるもの，である。(イ)の要素は高分子鎖間の親和力または高分子鎖が溶媒にどれだけ溶けやすいかを示すもので，例えば**図 7－16** の結果が示すように，アセトン濃度が低いときは高分子鎖は 溶媒に良く溶けて 十分に広がっている（体積膨潤比が大きい)。すなわちこの時は膨潤の力が働いている。一方，溶媒中のアセトンの濃度の割合が大きくなると，高分子鎖はアセトンに溶けにくいために，ゲル内部の溶媒をはきだすようにして高分子鎖どうしが会合するような力が働き（膨潤比は小さくなる)，すなわち 収縮の力が働いたことになる。また 先に述べたように，ゲルは溶媒の他に長い高分子鎖のうえに固定されたイオンと，固定されたイオンに対するイオンつまり対イオンを持っている。対イオンは自由に動くことができるが，たえず高分子鎖上の固定イオンに拘束されている。すなわち熱運動によって固定イオン付近から離れて他に移動しても，必ずほかの対イオンによってすぐに補給される。このようにハイドロゲルの内部は高分子鎖上の固定イオンと対イオン，そして溶媒によって満たされている。こうした状態でゲル全体を半透膜（p.7参照）のようなものと考えると，ゲル内部と溶媒のみからなるゲル外部との間に浸透圧を生ずる。これはゲルの外にある溶媒がゲル内の電荷濃度をうすめようとするもので，その浸透圧はゲル内の固定イオンや対イオンの濃度に依存して，絶えずゲルが膨潤する方向に働く。これが要素(ロ)である。ところで高分子の長い鎖は一定の長さごとに折れ曲がった小単位からなっている。この折れ曲がりの最小単位はブロッブとよばれ，絶えず熱運動をしている。もしゲルがその平衡体積よりもずっと大きく膨潤した状態にある場合，各ブロッブの熱運動によって生ずるブロッブのベクトルの合力は，伸びきったゲルを元に戻そうとする力，すなわち収縮力となって現れる。また反対に，ゲルが平衡状態の体積よりもずっと小さく収縮した状態にある時は，各ブロッブのベクトルの合力はゲルを広げようとする力，すなわち膨潤力となって作用する。これが最後のゴム弾性に由来する浸透圧であるが，これら3つの要素のうちどれか1つの要素のみでゲルの膨潤または収縮現象が現れるものではなく，3つの要素の全体的なバランスによってゲルはいろいろな姿をとる。もしゲルに働く浸透圧の総和がゼロとなれば，ゲルはもはや膨潤も収縮もしない。

引 用 文 献

2 章

1) S. Usui, T. Yamazaki, T. Shimoizaka: *J. Phys. Chem.*, **71**, 3195 (1967)
2) H. Bechhold & I. Hebler: *Koolloid—Z*, **14**, 172 (1922).

3 章

1) G. C. Nutting, F. A. Long, W. D. Harkins, *J. Am. Chem. Soc.*, **62**, 1496(1940)
2) W. C. Griffin: *J. Soc. Cos. Chemists*, **1** (5), 311 (1949)
3) Powney & Addison: *Trans. Faraday. Soc.*, **34**, 372 (1938)
4) Wright, Abbott, Sivertz & Tartar: *J. Am. Chem. Soc.*, **61**, 549 (1939)
5) Ralston, Hoerr & Hoffman: *J. Am. Chem. Soc.*, **64**, 97 (1942)
6) W. D. Harkins: "The Physical Chemistry of Surface Film"., p. 302 (1952)
7) K. W. Herrman: *J. Phys. Chem.*, **66**, 295 (1962)
8) A. E. Bailey: "Industrial Oil and Fat Products"., p. 359, Intersience Publishers Inc. (1951)
9) P. Becker: *J. Phys. Chem.*, **63**, 1675 (1959)
10) 西，笠井，今井：界面活性剤便覧，p. 130，産業図書
11) Corrin & Harkins: *J. Am. Chem. Soc.*, **69**, 683 (1947)
12) K. Shinoda: *J. Phys. Chem.*, **58**, 1136 (1954)
13) Tartar & Wright: *J. Am. Chem. Soc.*, **61**, 539 (1939)
14) McBain, Merill & Vinogard: *J. Am. Chem. Soc.*, **63**, 670 (1941)
15) A. Kitahara: *Bull. Chem. Soc. Jpn.*, **29**, 15 (1956)
16) McBain, Johnson, & Green: *J. Am. Chem. Soc.*, **68**, 1731 (1946)
17) H. B. Klevens: *Chem. Reviews.*, **41**, 1 (1950)
18) A. M. Mankowich: *Ind. Eng. Chem.*, **44**, 1151 (1952)
19) Lawrence *et al.*: *Disc Faraday Soc.*, **18**, 98 (1954)
20) "Encyclopedia of Chemical Tech."., Vol. V, p. 690, Intersience Encyclopedia Inc. (1950)
21) E. G. Richardson: *J. Colloid Sci.*, **8**, 367 (1953)
22) Fisher & Harkins: *J. Phys. Chem.*, **36**, 98 (1932)

23) 篠田：日化，**89**，435 (1968)
24) 篠田：日化，**89**，453 (1968)
25) 国枝，篠田：日化，2001 (1972).
26) A. Titoff: *Z. Phys. Chem.*, **74**, 641 (1910)
27) Brunauer, Emett & Teller: *J. Am. Chem. Soc.*, **60**, 309 (1938)
28) 北原文雄：油化学，**20**，440 (1971)
29) W. A. Zisman: *Adv. Chem. Ser.*, **43**, 21 (1964)
30) W. A. Zisman: *Ind. Eng. Chem.*, **55** (10), 18 (1963)
31) T. Wakamatsu & D. W. Fuerstenau: *Adv. Chem. Ser.*, **79**, 161 (1968)
32) 今村：表面，**1**，333 (1966)
33) S. G. Ash & E. J. Clayfield: *J. Colloid Interface Sci.*, **55**, 645 (1976)

4 章

1) N. K. Adam & G. Jessop: *Roy. Soc* (London), **A 112**, 362 (1926)
2) G. L. Nutting & W. D. Harkins: *J. Am. Chem. Soc.*, **61**, 1180 (1939)
3) P. P. Never & N. Pilpel: *Trans Faraday Soc.*, **63**, 781 (1967)
4) J. W. McBain & W. W. Lee: *Oil and Soap.*, **20**, 17 (1943).
5) V. Luzzati & F. Husson: *J. Cell. Biol.*, **12**, 207 (1962).
6) A. D. Bangham *et al*: *J. Mol. Biol.*, **13**, 238 (1965).
7) S. Mabrey & J. M. Sturtevant: *Proc. Natl. Acad. Sci.*, USA, **73**, 3862 (1976).
8) S. Ohnishi: *Adv. Biophys.*, **8**, 35-82 (1976).
9) E. S. Wu, K. Jacobson & D. Paphadjopoulos: *Biochemistry*, **16**, 3936-3941 (1977).
10) R. D. Kornburg & M. H. McConnell: *Biochemistry*, **10**, 1111 (1971).
11) 砂本順三，ファルマシア，**21**，1229 (1985).
12) E. Wehrli, J. Kreuter, H. Izawa, A. Kato & T. Kondo, *J. Microencaps.*, **2**, 329 (1985).
13) A. Kato, I. Tanaka, M. Aarakawa & T. Kondo, *Biomater. Med. Dev. Art. Org.*, **13**, 61 (1985).
14) K. B. Blodgett: *J. Phys. Chem.*, **41**, 975 (1937).
K. B. Blodgett: *J. Am. Chem. Soc.*, **56**, 1007 (1935).

K. B. Blodgett & I. Langmuir: *Phys. Rev.*, **51**, 946 (1937).

15) S. Miyano & A. Kondo: *Kogyo Kagaku.*, **73**, 1755 (1970).

16) S. Suzuki, T. Nakamura, M. Arakawa & T. Kondo: *J. Colloid Interface Sci.*, **71**, 141 (1979).

17) S. Suzuki & T. Kondo: *J. Colloid Sci.*, **67**, 441 (1978).

18) M. Shiba, Y. Kawano, S. Tomioka, M. Koishi & T. Kondo, *Kolloid-Z. u. Z. Polymere*, **249**, 1056 (1971).

19) S. Sakuma, H. Ohshima & T. Kondo, *J. Colloid Interface Sci.*, **133**, 253 (1989).

20) A. Kondo: Microcapsules., Nikkan Kogyo Shinbun (1970).

21) T. Kato, R. Nemoto, H. Mori, M. Takahasi & Y. Tamakawa: *J. Urol.*, **125**, 19 (1981).

22) F. Lim: in Biomedical Application of Microcapsules, p. 137, CRC Press. USA.

5 章

1) D. Talmud & S. Suchowolskaja: *Z. Phys. Chem.*, A, **154**, 277 (1931)

2) H. Kimizuka & T. Sasaki: *Bull. Chem. Soc. Jpn.*, **24**, 230 (1951)

3) 中垣: 化学の領域, **6**, 583 (1952)

4) 桜井: 食品化学, p. 253, 図 4-40, 同文書院

6 章

1) P. S. Roller: *Ind. Eng. Chem.*, **22**, 1206 (1930)

2) H. Rumpf: 化学工学協会第25周年記念講演集, p. 206～218 (1958)

3) 種谷, 曾根: 応用物理, **31**, 286 (1962)

4) 浅岡: コロイド化学, p. 153, 表 66, 三共出版

5) A. S. Stern ed: "Air Pollution", Vol. I, p. 51

6) Hinkle *et al.*: *J. Appl. Phys. Suppl.*, **3**, 198 (1954)

7, 8) 本間: 表面工学講座 3, p. 131, 図 2·76, 表 2·27, 朝倉書店

9) K. N. Palmer, 日本化学会訳: 粉じん爆発と火災, p. 107, 丸善

7 章

1) 竹林，幅：家政誌，**12**，107 (1961)
2) 山崎：応用調理学，144 (1962)
3) 中浜：家政誌，**17**，201 (1966)
4) 中浜：家政誌，**17**，197 (1966)
5) 中垣，福田：コロイド化学の基礎，p. 250，大日本図書
6) 山崎，加藤：家政誌，**8**，173 (1957)
7) S. Katayama, S. Fujiwara: *J. Am. Chem. Soc.*, **101**, 4485 (1979)
8) 片山誠二：表面， Vol. 100, No. 3, 153 (1982)
9) M. L. White: *J. Phys. Chem.*, **64**., 1563 (1960)
10) J. R. Zimmerman, W. E. Britten: *J. Phis. Chem.*, **61**, 1328 (1957)
11) T. Tanaka: *Phys. Lev. Lett.*, **40**, 820 (1978)
12) T. Tanaka: *Scientic American*, **244**, 110 (1981)
13) S. Katayama, A. Ohata: *Macromolecules*, **18**, 2781 (1985)
14) T. Tanaka, D. J. Filmore, S. T. Sun, I. Nishino, G. Swislow, A. Shah: *Phys. Lev. Lett.*, **45**, 1636 (1980)
15) S. Katayama, Y. Hirokawa, T. Tanaka: *Marcomolecules*, **17**, 2641 (1984)
16) Y. Hirokawa, T. Tanaka, S. Katayama: "Microbial Adhesion and Aggregation", ed. by K. C. Marshall, Springer Verlag, p. 177 (1984)

参考図書

新実験化学講座，界面とコロイド，丸善

（新しく“コロイドと界面”の分野の研究を始めようとする研究者への案内書として特に役に立つ）

界面動電現象：北原文雄，渡辺昌編，共立出版

（界面電気現象の新段階を基礎から応用にわたって，ていねいに紹介している）

エマルションの科学：シャーマン（佐々木恒孝，花井哲也，光井武夫共訳），朝倉書店

（特にエマルションに関する記述にくわしく，この分野を専攻する研究者にとっては必読書である）

界面化学（第3版）：近藤保，三共出版

（自然科学系の大学生を対象とした書で，初等的内容とはいえ入門書としては程度が高い）

コロイド化学：ヤーゲンソンス・ストラウマニス（玉虫文一監訳），培風館

（コロイド，界面化学領域において発展しつつある分野を的確に見通しつつ，基礎的事項を平明に解説した概説書である）

表面状態とコロイド状態：中垣正幸，現代物理化学講座9，東京化学同人

（表面状態とコロイド状態に関する諸問題を，この方面の予備知識のない人にも理解できるように解説されている）

表面および界面：渡辺信淳，渡辺昌，玉井康勝，共立出版

（表面および界面を工業または他の分野への関連性から説明し，興味の対象を拡大理解させることに重点を置いている）

コロイドと界面の化学：ショウ（北原文雄，青木幸一郎共訳），広川書店

（大学の教科書として広く利用されており，簡潔明瞭な説明は理解しやすい）

生活の界面科学：近藤保，鈴木四朗，三共出版

（コロイド，界面科学をつうじて日常生活の身近な現象が紹介されている）

乳化・分散系の化学：北原文雄，古沢邦夫，工学図書

（コロイド分散系の近代化されつつある姿をサスペンションとエマルションを中心にその基礎を解説。さらに実験の指針としても役立つ）

界面現象の基礎：佐々木恒孝編，表面工学講座３，朝倉書店

（界面現象の中の，吸着，分散，ぬれ，接着を中心に記述され，基礎とはいえ初心者にとって程度は高い）

粉体：中川有三，水渡英二，早川宗八郎，久保輝一郎共編，丸善

（粉体科学全般についてくわしく述べられている）

粉体工学（基礎編）：川北公夫，種谷真一，小石真純，槇書店

（粉体の基本的性質が理解できるが，内容の程度はやや高い）

コロイド化学の基礎：中垣正幸，福田清成，大日本図書

（平易な表現でコロイド化学全般が述べられ，特に生活に身近な例が豊富に紹介されていて理解に役立つ）

基礎エアロゾル工学：高橋幹二，養賢堂

（主として衛生工学，産業衛生関係の技術参考書となることを意図した本で，内容程度は高い）

食品コロイド科学：鈴木四朗，近藤保，三共出版

（前半は基礎理論が，後半はそれを利用した食品の物性がコロイド科学を通じて述べられている）

界面活性剤ハンドブック：高橋越民，難波義郎，小池基正，小林正雄共編，工学図書

（界面活性剤関係の研究に関するデータが豊富に紹介されている）

調理の科学：中浜信子，三共出版

（実際的な調理を通じて，コロイド界面科学の基礎が理解できる）

微粒子の科学：北原文雄，旺文社

（テレビ大学講座のテキストとして書かれたもので，やさしい表現ながら高度な内容をもつ本で，ぜひ一読されることをお勧めする）

マイクロカプセル：近藤　保，共立出版

（コロイド科学　高分子科学を基礎としたマイクロカプセルの入門書）

リポソーム：井上圭三，砂本順三，野島庄七，南江堂

（日本で最初のリポソームに関する成書）

生体膜の動的構造：大西俊一，東京大学出版会

（生物学を専攻する学生のための生物物理化学入門書として書かれている）

付　　　録

（1） ギリシア文字（読み方は慣用による）

大文字	小文字	発　音	大文字	小文字	発　音	大文字	小文字	発　音
A	α	アルファ	I	ι	イオタ	P	ρ	ロー
B	β	ベータ（ビータ）	K	κ	カッパ	Σ	σ	シグマ
Γ	γ	ガンマ	Λ	λ	ラムダ	T	τ	タウ
Δ	δ	デルタ	M	μ	ミュー	Υ	υ	ウプシロン
E	ε	イプシロン	N	ν	ニュー	Φ	ϕ, φ	ファイ（フィー）
Z	ζ	ツェータ	Ξ	ξ	クシイ（グザイ）	X	χ	カイ
H	η	イータ	O	o	オミクロン	Ψ	ψ	プサイ（プシー）
Θ	θ　ϑ	シータ（テータ）	Π	π	パイ	Ω	ω	オメガ

（2） SI 接頭語

大きさ	接頭語		記号	大きさ	接頭語		記号
10^{-1}	デシ	deci	d	10	デカ	deca	da
10^{-2}	センチ	centi	c	10^{2}	ヘクト	hecto	h
10^{-3}	ミリ	milli	m	10^{3}	キロ	kilo	k
10^{-6}	マイクロ	micro	μ	10^{6}	メガ	mega	M
10^{-9}	ナノ	nano	n	10^{9}	ギガ	giga	G
10^{-12}	ピコ	pico	p	10^{12}	テラ	tera	T
10^{-15}	フェムト	femto	f	10^{15}	ペタ	peta	P
10^{-18}	アット	atto	a	10^{18}	エクサ	exa	E

(3) 水の表面張力(接触気相は空気)　(dyne/cm)

温度℃	表面張力	温度℃	表面張力	温度℃	表面張力	温度℃	表面張力
−8	76.96	16	73.34	26	71.82	70	64.42
−5	76.42	17	73.19	27	71.66	80	62.61
0	75.64	18	73.05	28	71.50	90	60.75
5	74.92	19	72.00	29	71.35	100	58.85
10	74.22	20	72.75	30	71.18	110	56.89(蒸気)
11	74.07	21	72.59	35	70.38	120	54.89(〃)
12	73.93	22	72.44	40	69.56	130	52.84(〃)
13	73.78	23	72.28	45	68.74		
14	73.64	24	72.13	50	67.91		
15	73.49	25	71.97	60	66.18		

(4) 接触角(室温)

接触両物質	角度	接触両物質	角度
水—良く磨いたガラス	0°	水—ガラス	8°～9°
水銀—銅アマルガム	0°	水銀—ガラス	約140°
有機液体—ガラス	0°	水銀—鋼	154°

(5) 水の粘度　(センチポイズ)

℃	η	℃	η	℃	η	℃	η	℃	η	℃	η
0	1.7921	12	1.2363	19	1.0299	24	0.9142	35	0.7225	65	0.4355
2	1.6728	14	1.1709	20	1.0050	25	0.8937	40	0.6560	70	0.4061
4	1.5674	15	1.1404	20.2	1.0000	26	0.8737	45	0.5988	75	0.3799
6	1.4728	16	1.1111	21	0.9810	28	0.8360	50	0.5494	80	0.3565
8	1.3860	17	1.0828	22	0.9579	30	0.8007	55	0.5064	90	0.3165
10	1.3077	18	1.0559	23	0.9358	32	0.7679	60	0.4688	100	0.2838

（6） **液体の粘度**（カッコ内の温度はその左側の粘度の温度）　（センチポイズ）

物質＼℃	0	10	20	30	50	100
アセトン	0.395	0.356	0.322	0.293	0.246	—
アニリン	10.2	6.5	4.40	3.12	1.80	0.80
n-アミルアルコール	8.922	6.234	—	2.99	—	—
iso-アミルアルコール	8.6	6.1	4.36	3.20	1.85	0.63
イソプレン	0.260	0.236	0.216	0.198	—	—
n-ウンデカン	1.72	1.41	1.17	0.966	—	0.435
エタノール	1.78	1.46	1.19	1.00	0.701	0.326
エーテル	0.296	0.268	0.243	0.220	—	—
塩化エチル	0.320	0.291	0.266	0.244	0.224	(40°)
オクタン	0.706	0.616	0.542	0.483	0.297	(80°)
オリーブ油	100.8	(15.6°)	80.8	55.7	25.3	7.0
ギ酸	—	2.25	1.784	1.46	1.03	0.54
ギ酸エチル	0.510	—	0.402	0.358	0.308	—
o-キシレン	1.105	0.93	0.810	0.71	0.56	0.346
m-キシレン	0.896	0.70	0.620	0.55	0.443	0.289
p-キシレン	—	0.739	0.648	0.57	0.456	0.292

重要な式の導き方

1.　ラングミュアーの吸着等温式の導き方

1916年，ラングミュアーは気体分子が一定温度で単位面積の固体の表面に吸着される場合，その固体表面に吸着される気体分子の層の厚さは1分子（すなわち単分子）以上は吸着しないと仮定して，一定温度で吸着平衡にある気体の圧力と吸着量の関係を検討した。

吸着平衡時においては，気相中から固体表面の裸の面（まだ気体が吸着していない面）に衝突した分子が，そのままその衝突した面に凝縮する速度と，固体表面に吸着していた分子が何かの原因でエネルギーを得て，その表面から飛び出す速度とは等しい。

いま，ある時刻に吸着分子で覆われている固体表面の面積を θ（ただし $\theta \leqq 1$ であり，θ を表面被覆率という）とすると，吸着分子で覆われていない面積は $(1-\theta)$ となる。固体表面に凝縮する気体分子は，仮定によって固体表面の裸の部分に吸着すると考えられるから，その凝縮速度 γ_c は気体の圧力 P に比例する。これを式で表すと

$$\gamma_c = aP(1-\theta) \qquad (1)$$

となる。一方，固体表面から気体分子が飛び出して行く蒸発速度 γ_e は，吸着分子で覆われた表面積 θ に比例するから，蒸発速度 γ_e は

$$\gamma_e = b\theta \qquad (2)$$

となる。a，b は共に比例定数である。吸着平衡時においては，γ_c と γ_e は等しいから

$$aP(1-\theta) = b\theta \qquad (3)$$

式（3）を θ について解くと

$$\theta = \frac{(a/b)\cdot P}{1+(a/b)\cdot P} \qquad (4)$$

ここで a/b を K とおくと，式（4）は

$$\theta = \frac{KP}{1+KP} \qquad (5)$$

K は吸着媒と吸着質の結合の強さを表すものであって吸着係数という。1gの吸着剤によって吸着される気体の量 V を標準状態でそれが占める体積で表すと，V は θ に比例するから，比例定数を V_m とすると

$$V = V_m\cdot\theta \qquad (6)$$

となる。この比例定数 V_m は固体の単位表面積が気体分子の単分子層で完全に覆われた時の吸着量である。したがって，式（5）は次のように書き直すことができる。

$$V = \frac{V_m KP}{1 + KP} \qquad (7)$$

式（5）あるいは式（7）をラングミュアーの吸着等温式という。

ここで，Pが小さいとき式（7）は

$$V = V_m KP \qquad (8)$$

となり，吸着量は P に比例する。また P が十分大きくなると

$$V = V_m \qquad (9)$$

となるから，この時は固体表面は完全に気体に覆われていることになる。

また式（7）の両辺の逆数をとって整理すると

$$\frac{1}{V} = \frac{1}{V_m K} \cdot \frac{1}{P} + \frac{1}{V_m} \qquad (10)$$

となり，$1/V$ を y 軸に，$1/P$ を x 軸とすると，上式は1次式と考えられるから直線となり(本文，p. 75，図3-56参照)，グラフ上の勾配と切片から K と V_m が求められる。

2. BET の吸着等温式の導きかた

先のラングミュアー吸着等温式に実際の結果をあてはめてみると，良く合わないものが多い。低温で蒸気圧がその液体の飽和蒸気圧に近いような条件では，吸着は一般に多分子層吸着となる。

この BET 吸着等温式もラングミュアー吸着の場合の前提に加えて，いくつかの仮定(本文 p. 77 参照) のもとに成り立っている。

いま表面が吸着質分子の多分子層で不完全におおわれていると考えよう。ある温度で吸着平衡にあるものとすると，各層の凝縮速度はその層からの蒸発速度に等しい（式(3)参照)。ここで，P を気体の圧力，S_0 をまだ吸着分子でおおわれていない裸の固体表面（したがって凝縮に関する表面積である)，S_1 を吸着質分子の一分子層でおおわれている面積(蒸発に関する第一層の面積)，また a_1 と b_1 は定数とすると，第一層については式（3）と同様に

$$a_1 P S_0 = b_1 S_1 \qquad (11)$$

が得られる。式（11）を変形して，それを y とおくと

$$\frac{a_1 P}{b_1} = \frac{S_1}{S_0} = y \qquad (12)$$

式 (11) は

$$S_1 = yS_0 \tag{13}$$

と書き直せる。同様の考えを第 i 番目の層にあてはめると

$$a_iPS_{i-1} = b_iS_i \tag{14}$$

がえられる。ここで S_i は i 分子層でおおわれた面積である。

$i>1$ のとき，i 番目の層の吸着質分子の凝縮－蒸発の性質が，液体状態の吸着質の表面におけるものと同一と仮定すると（本文 p. 77 の仮定①参照），圧力 P において

$$\frac{a_iP}{b_i} = 一定 = x \tag{15}$$

とおくことができる。したがって式 (14) は

$$S_i = \frac{a_i}{b_i}PS_{i-1} = xS_{i-1} \tag{16}$$

となる。さらにこの操作をつづけてゆくと

$$\begin{aligned} S_i &= x(xS_{i-2}) = x^2S_{i-2} \\ &= x^2(xS_{i-3}) = x^3S_{i-3} \\ &\vdots \\ &= x^{i-1}S_{i-(i-1)} = x^{i-1}S_1 \end{aligned}$$

がえられる。先の x と y の比を K とおくと

$$K = \frac{y}{x}$$

であり，したがって式 (13) を用いると

$$S_i = x^{i-1}yS_1 = x^{i-1}yS_0 = \frac{y}{x}S_0x^i = KS_0x^i \tag{17}$$

と書き変えることができる。

ところで固体表面の全面積 S は，すべての吸着層の面積の和に等しい。すなわち

$$S = \sum_{i=0}^{\infty}S_i = S_0 + \sum_{i=0}^{\infty}S_i \tag{18}$$

ここで，式 (18) の S_i に式 (17) を代入すると

$$\begin{aligned} S &= S_0 + \sum_{i=1}^{\infty}KS_0x^i = (S_0 + S_0K\sum_{i=1}^{\infty}x_i) \\ &= S_0(1 + K\sum_{i=1}^{\infty}x^i) \end{aligned} \tag{19}$$

となる。ラングミュアーにおけると同様に，吸着された気体の体積を標準状態で v とし，また単位面積の固体表面を一分子層でおおうに要する気体の体積を v_0 とすると

$$v = v_0 \sum_{i=1}^{\infty} i S_i \tag{20}$$

である。この式（20）と式（17）を組合わせると

$$v = v_0 \sum_{i=1}^{\infty} K S_0 i x^i = v_0 K S_0 \sum_{i=1}^{\infty} i x^i \tag{21}$$

がえられる。もし一分子層で表面をおおったとすると，吸着気体の体積は Sv_0 である。実際に吸着された気体の体積 v と Sv_0 の比は，次のようになる。

$$\frac{v}{Sv_0} = \frac{v}{v_m} \tag{22}$$

したがって，v_m は固体表面を気体の一分子層でおおった場合の気体の体積 Sv_0 に等しい。式（19）と式（21）を用いると

$$\frac{v}{v_m} = \frac{v_m K S_0 \sum_{i=1}^{\infty} i x^i}{v_m S_0 (1 + K \sum_{i=1}^{\infty} x^i)} \tag{23}$$

がえられる。ここで

分子の数列の和は　　$x/(1-x)^2$

分母の数列の和は　　$x/(1-x)$

であたえられるから，式（23）は変形されて次式のようになる。

$$\frac{v}{v_m} = \frac{Kx/(1-x)^2}{1 + Kx/(1-x)} = \frac{Kx}{(1-x)(1-x+Kx)} \tag{24}$$

ところで，気体の圧力がその温度における液体の蒸気圧 P_0 となると，気体は凝縮し始める。したがって

$P = P_0$ のとき $v = \infty$ となると考えられる。

式（24）で $v = \infty$ となるのは $x = 1$ のときなので，$x = 1$ のとき $P = P_0$ とし，式（15）において $x = 1$ とおき両者の比をとると

$$\frac{(a_i/b_i)P}{(a_i/b_i)P_0} = \frac{x}{1} \tag{25}$$

となる。したがって，$x = P/P_0$ となるから，式（24）は

$$\frac{v}{v_m} = \frac{KP}{(P_0 - P)[1 + (K-1)P/P_0]} \tag{26}$$

となって，本文中の式（3-11）と一致する。

なお，本文では省略したが，固体表面への気体吸着に対する等温曲線はいくつかのタイプに分類することができる。

1)　タイプI：ラングミュアー式に合う場合で，例えば -195°C における木炭上の N_2 の吸着はこの例である。

2) タイプII：BET式に対応する。ただし本文の式 (3 - 11) で Kが小さい場合にはタイプIIIになる。
と　これは物理的には第1層目の吸着熱と第2層目以上の吸着熱があまり差がない場合に
タイプIII　相当する。第1層目の吸着が，それ以上の吸着に比べてずっと強い場合には，吸着曲線はタイプIIとなる。両方のタイプの転移は $K=2$ においておこる。

例として，タイプIIには低温での多孔性固体への気体の吸着があり，タイプIIIにはシリカゲルへの塩素の吸着がこれに相当する。

3) タイプIV：毛細管中で多分子層ができる場合であって，吸着量に飽和がみられる。タイプIVの例
と　としては，50°C における酸化鉄上のベンゼンの吸着があり，タイプ V の例には，
タイプV　100°C における木炭上の水蒸気の吸着がある。

3. ヤング - ラプラス式と表面自由エネルギー

固体の表面上にある液滴や気泡などの形は，液体の表面自由エネルギーの値によって大きな影響をうける。したがって，これらの液面の形状を一定の条件の下で観測すれば，表面自由エネルギーの値をもとめることができるはずである。もし液体表面が平面になっていれば，液面を押している大気圧と液体側の圧力が釣り合っていると考えられるが，液体表面が曲面の場合は，大気圧と液体の圧力のいずれかが大きく，曲面の形はその圧力差をささえる表面自由エネルギーの大小によってきまる。

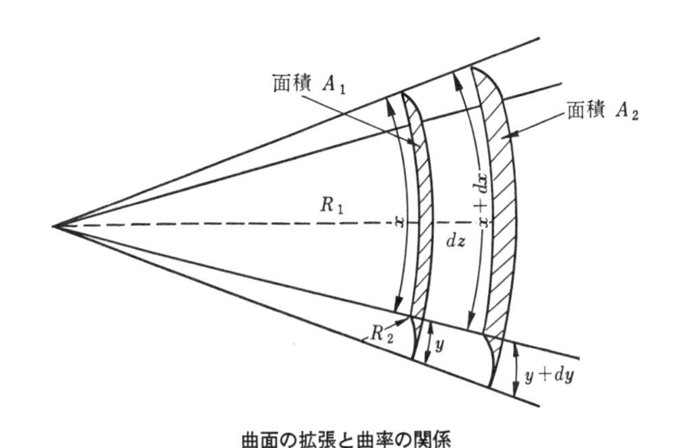

曲面の拡張と曲率の関係

いま，上のような図をつかって，圧力差と表面自由エネルギーの関係を考えてみよう。図のように任意の曲面の小部分をとると，この部分の形状は二つの曲率半径 R_1 と R_2 によってきめられる。いま面 A_1 を外向きにごくわずか変位させた（面 A_2 になった）とすると，その面積変化（$\varDelta A$）は

$$\varDelta A = A_2 - A_1 = (x + dx)(y + dy) - xy$$

$$= xdy - ydx$$

となる。ところで面積変化に必要な仕事（W）は

$$W = \gamma \times \varDelta A = \gamma(xdy)(ydx)$$

となる。ここで γ は表面自由エネルギーである。この仕事はまた次のようにあらわすことができる。すなわち，液体の内部と外部の圧力差を $\varDelta P$ とすると，面積 $xy(A_1)$ の面が距離 dz だけ，$\varDelta P$ の大きさの圧力によって移動したので

$$W = \varDelta P \times xy \times dz$$

となるはずである。したがって

$$\gamma(xdy + ydx) = \varDelta P \times xy \times dz$$

がえられる。ところが図の相似三角形の関係から

$$(x + dy)/(R_1 + dz) = x/R_1 \text{ または } dx = xdz/\mathrm{R}_1$$

および

$$(y + dy)/(R_2 + dz) = y/R_2 \text{ または } dy = ydz/R_2$$

であるから

$$\varDelta P = \gamma(1/R_1 + 1/R_2)$$

となることがわかる。この式はヤングとラプラスによって独自に導かれたもので表面自由エネルギー測定法のいくつかは，この式をもとにして導いた式を利用している。

索　引

（＊印は人名）

著 者 紹 介

鈴 木 四 朗（すずき　しろう）

1937年　東京生れ

元ウエストバージニア州立大学医学部教授

コロイド・界面科学専攻

理学博士

近 藤　　保（こんどう　たもつ）

1927年　東京生れ

東京理科大学名誉教授

生物物理化学専攻

理学博士

入門

コロイドと界面の科学

1983 年 10 月 10 日　初　　版　　発　　行
1994 年 1 月 20 日　増補・改題第 1 刷発行
2024 年 3 月 20 日　増補・改題第 10 刷発行

発行者　秀　島　　功

印刷者　佐　野　大　介

発行所　**三共出版株式会社**　東京都千代田区神田神保町3の2

〒101-0051 電話 03(3264)5711(代)　FAX 03(3265)5149

一般社団法人 **日本書籍出版協会**・一般社団法人 **自然科学書協会・工学書協会　会員**

Printed in Japan　　印刷・㈱ミヨシ出版印刷

ISBN 978-4-7827-0833-0